M5Stack（エムファイブスタック）& M5StickC（エムファイブスティックシー）ではじめるIoT（Internet of Things）入門

株式会社アイエンター
高馬宏典 著

C&R研究所

■権利について

- 本書に記述されている社名・製品名などは、一般に各社の商標または登録商標です。
- 本書では™、©、®は割愛しています。

■本書の内容について

- 本書は著者・編集者が実際に操作した結果を慎重に検討し、著述・編集しています。ただし、本書の記述内容に関わる運用結果にまつわるあらゆる損害・障害につきましては、責任を負いませんのであらかじめご了承ください。
- 本書は、2020年3月現在の情報をもとに作成しています。サービスのバージョン、URLなどの仕様や情報は変動することがありますのでご了承ください。それに伴い、画面や操作の一部が変更になったりする場合もあります。あらかじめご了承ください。

●本書の内容についてのお問い合わせについて

この度はC&R研究所の書籍をお買いあげいただきましてありがとうございます。本書の内容に関するお問い合わせは、「書名」「該当するページ番号」「返信先」を必ず明記の上、C&R研究所のホームページ（http://www.c-r.com/）の右上の「お問い合わせ」をクリックし、専用フォームからお送りいただくか、FAXまたは郵送で次の宛先までお送りください。お電話でのお問い合わせや本書の内容とは直接的に関係のない事柄に関するご質問にはお答えできませんので、あらかじめご了承ください。

〒950-3122 新潟県新潟市北区西名目所4083-6　株式会社 C&R研究所　編集部
FAX 025-258-2801
『M5Stack&M5StickCではじめるIoT入門』サポート係

PROLOGUE

本書を手に取っていただき、ありがとうございます。本書は、M5Stack／M5StickCのさまざまな活用法についてわかりやすく解説した本です。

この5cm角の小型マイコンモジュールに可能性がたくさん詰まっています。センサーをつないでデータ値を取得することも容易です。インターネットにつないで取得したデータをクラウドに保存することも可能です。

筆者がM5シリーズを知ったのは、会社でIoTの勉強を始めて、情報収集していたときに偶然、M5Stackを見つけたときでした。当時はArduinoボードが一般的で、LEDをチカチカさせたり、ブレッドボードとジャンパワイヤをセンサーでつないだり、インターネットに接続するために別のネットワークモジュールを購入する必要があり、IoTをやるだけですごく高額かつスタイリッシュではない筐体になっていました。

もっと小型で全部入りな端末はないのだろうかと思っていたそんな中、2017年に出会ったのがM5Stackでした。5cm角の小さな筐体に筆者が必要としていた機能があり、そしてインターネットにもつながるまさに夢のデバイスでした。足りない機能は自由にパーツを組み合わせてカスタマイズできることがとても魅力的でした。

M5Stackでも十分だったのに、2019年にM5Stackよりさらに小さいM5StickCが登場しました。同年5月4日から京都で開催されたMaker Faire Kyotoで先行発売される情報を聞きつけて、1時間ごとに販売ブース前をウロウロしていました。会場価格1500円という衝撃的な価格で手に入れたのが懐かしい思い出です。その後、わずか10分で完売した模様で、人気の高さがわかります。

M5Stackの魅力に取りつかれて、このデバイスの素晴らしさを知ってほしいために、関西でユーザーミーティングをはじめて開催し、今では東京本体のユーザーミーティングと合同で行えるようになりました。

この本では、M5Stack ／ M5StickCの環境構築方法やさまざまなクラウドサービスと連携をする勘所をはじめ、IoTをこれからはじめて触れる方にもわかりやすく解説しています。

この本においては、エンジニアの方に読んでいただくのはもちろん光栄ですが、IoTに少しでも興味がある方、小中学生を含めた学生の方にも読んでいただき、M5シリーズの世界に一歩踏み入れるきっかけになれば幸いです。

そして、いつもサポートしてくれている妻に感謝したいと思います。

2020年4月

株式会社アイエンター　高馬宏典

本書について

⚙ 対象読者について

本書は次のような読者を想定して執筆しています。

- IoTについて興味がある人
- M5Stack ／ M5StickCについて興味がある人
- IoTと連携するクラウドサービスについて興味がある人

また、本書を読むにあたっては、何かしらのプログラミングの経験があることが望ましいです。本書ではプログラミングの基本などについては説明を省略していますので、あらかじめご了承ください。

⚙ 本書に記載したソースコードについて

本書に記載したソースコードについては、左側に行番号を記載しています。行番号はプログラムの説明の目安となりますので、実際には入力する必要はありません。また、誌面の都合上、折返しになっている箇所もありますが、行番号に従って改行せず、1行で入力してください。

なお、本書に記載したサンプルプログラムは、誌面の都合上、1つのサンプルプログラムがページをまたがって記載されていることがあります。その場合は▼の記号で、1つのコードであることを表しています。

✿ サンプルについて

本書で紹介しているサンプルデータは、C&R研究所のホームページからダウンロードすることができます。本書のサンプルを入手するには、次のように操作します。

❶「http://www.c-r.com/」にアクセスします。

❷トップページ左上の「商品検索」欄に「312-6」と入力し、[検索]ボタンをクリックします。

❸検索結果が表示されるので、本書の書名のリンクをクリックします。

❹書籍詳細ページが表示されるので、[サンプルデータダウンロード]ボタンをクリックします。

❺下記の「ユーザー名」と「パスワード」を入力し、ダウンロードページにアクセスします。

❻「サンプルデータ」のリンク先のファイルをダウンロードし、保存します。

サンプルのダウンロードに必要な
ユーザー名とパスワード

ユーザー名 **m5iot**
パスワード **w312s**

※ユーザー名・パスワードは、半角英数字で入力してください。また、「J」と「j」や「K」と「k」などの大文字と小文字の違いもありますので、よく確認して入力してください。

サンプルはZIP形式で圧縮してありますので、解凍してお使いください。また、サンプルのプログラムは章ごとにフォルダ分けし、テキスト形式(.txt)のファイルに記載してあります。文字コードはUTF-8、改行コードはLFになっていますので、対応したテキストエディタなどで開いてお使いください。

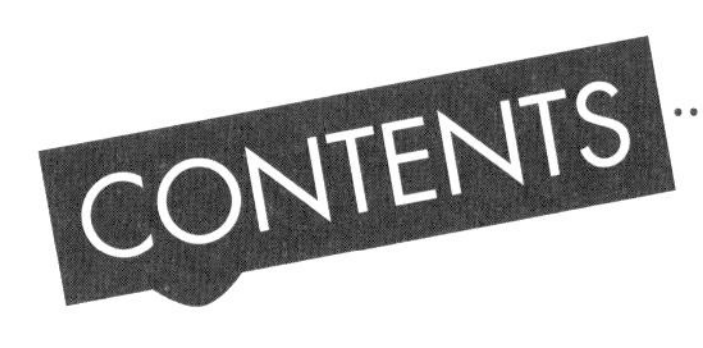

CHAPTER 3
HelloWorldを動かそう!

CHAPTER 4
ボタンを押してカウントアップしてみよう!

CHAPTER 5
センサーの値を取得しよう!

CHAPTER 6
データをクラウドに送信しよう!

CHAPTER 7
データ値を可視化しよう!

CHAPTER 8
クラウドサービスと連携しよう!

CHAPTER 1

M5シリーズってどんなもの?

M5シリーズでできること

M5シリーズはM5Stackをはじめとする小型のマイコンモジュールです。拡張モジュールが豊富にあり、必要な機能をユーザーが自由にカスタマイズできることが最大のメリットです。

本書では、M5StackとM5StickCを中心に簡単なサンプルアプリを作っていきます。

M5シリーズとは何か

M5シリーズは下記のようなラインナップがあります。それぞれ、名前は似ていますが、機能が異なります。

- M5Stack
- M5StickC
- M5StickV

先にも述べましたが、拡張モジュールを追加してオリジナルの機能を実装することができます。ESP32を搭載していたり、機械学習ができたりするものがあります。

M5シリーズについて(M5Stack/M5StickC/M5StickV)

それぞれの特徴を簡単に解説します。どれも個性的なデバイスで小さいながらも強力な機能が備わっています。価格も安いので手軽に手に入れることができます。

◆M5Stack(エムファイブスタック)

M5StackにはESP32が搭載されており、Wi-FiやBluetoothの無線通信をすることが可能です。4Mバイトのフラッシュメモリ、スピーカー、150mAhバッテリー、Groveポート、3つのボタンが搭載されています。

最大の特徴は320×240のカラー液晶パネルで、さまざまなコンテンツを視覚的に見せることができます。

M5StackはModular 5cmx5cm Stackableの頭文字を取って、名前が付けられました。Stackという名前だけあって、必要なモジュールをどんどん拡張することができます。スイッチサイエンス社で3575円(2020年4月現在)で購入することができます。

▼M5Stackの名称の由来

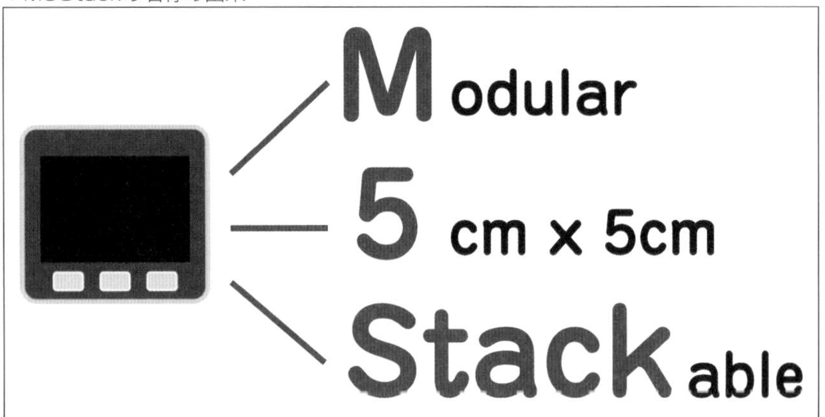

◆ M5Stack Gray

M5Stack Grayは、通常のM5Stackに9軸センサーが搭載されたモデルです。加速度、ジャイロ、磁気が計測できます。少し値段が高くなりますが、スイッチサイエンス社で4290円(2020年4月現在)で購入することができます。背面に磁石が4つ付いているので、冷蔵庫に貼り付けることも可能です。

▼M5Stack Grayの筐体

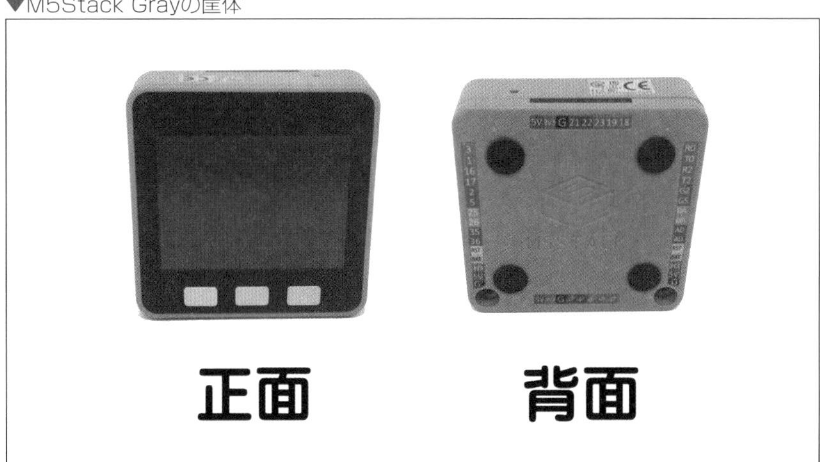

◆ M5StickC(エムファイブスティックシー)

M5StickCにもM5Stack同様にESP32が搭載されています。M5Stackに比べてかなりコンパクトなボディです。中央の大きなボタンと右上のサイドにもボタンがあります。

加速度センサーや傾きセンサーが搭載されており、これ1台あればセンサーを使った簡単なアプリを作ることができます。4Mバイトのフラッシュメモリ、赤外線、マイク、80mAhバッテリーなどが搭載されています。小さい筐体ですが、かなり高機能となっています。

StickCの「C」の由来ですが、Compactの「C」からきています。スイッチサイエンス社で1980円(2020年4月現在)で購入することができます。

▼M5StickCの筐体

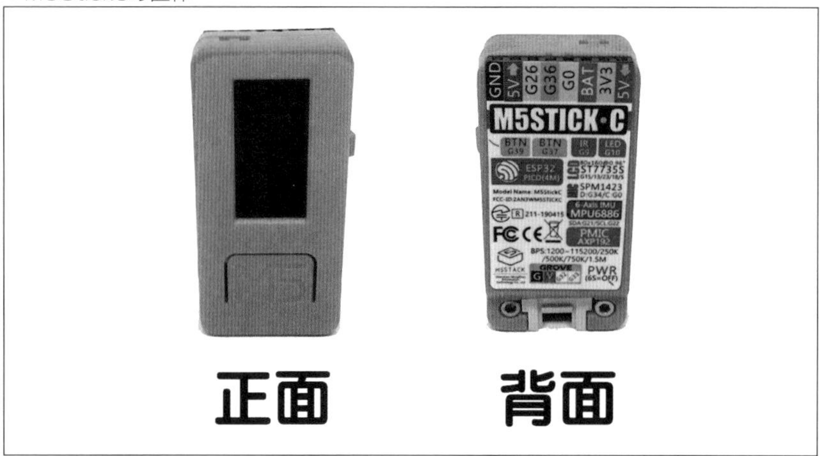

なお、2019年7月24日のスイッチサイエンス社出荷から搭載されている6軸センサーのモデルがSH200QからMPU6886に変更されました。海外ショップから購入された方はタイミングによって型が違うことがあるので、背面に書いてある型番を確認してください。

▼6軸センサーの型が異なる

◆ M5StickV(エムファイブスティックブイ)

M5StickVにはESP32は搭載されていませんが、その代わりにKendryte K210を搭載したAIカメラで、非常に高性能なニューラルネットワークプロセッサ(KPU)とデュアルコア64bit RISC V CPUが搭載されています。

デフォルトで顔認識ができるサンプルが入っており、購入してすぐに試すことができます。

プログラミングはMicroPythonで行うことができます。顔認識以外にも物体認識や形状認識など機械学習モデルも使用することができます。

StickVの「V」の由来ですが、Visionの「V」からきています。スイッチサイエンス社で3080円(2020年4月現在)で購入することができます。

▼M5StickVの筐体

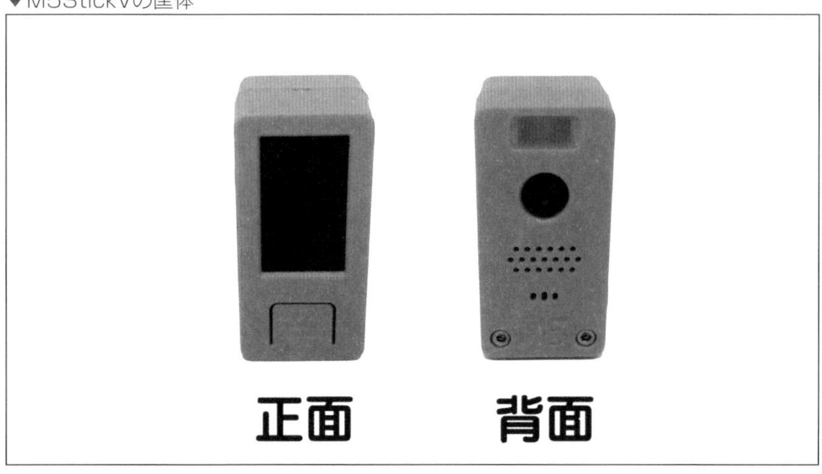

M5ATOMシリーズ(Matrix/Lite)

2020年4月にスイッチサイエンス社で発売されました。手のひらサイズのデバイスで、M5StickCと比べてかなり小さいサイズです。この小さな筐体の中にもWi-Fi、Bluetoothが内蔵されています。

▼M5ATOMシリーズ

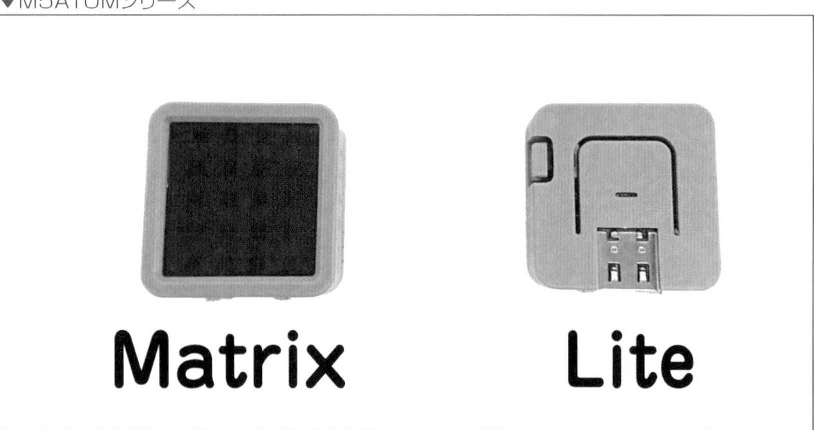

◆M5ATOM Matrix(エムファイブアトム　マトリックス)

M5ATOM Matrixには5×5のLEDライトが配置されており、LED部分全体がボタンになっています。バッテリーは内蔵されていないので、USBケーブルでの給電が必須です。スイッチサイエンス社で1397円(2020年4月現在)で購入することができます。

◆M5ATOM Lite(エムファイブアトム　ライト)

M5ATOM Liteは、M5ATOM Matrixと異なり、LEDは1つだけです。中央にボタンがあり、押下判定ができます。厚みもMatrixの約半分程度です。ちょっとしたセンサーを取り付けて、値をクラウドにアップする使い方が考えられます。スイッチサイエンス社で968円(2020年4月現在)で購入することができます。お試しに購入するのもよいです。

M5拡張モジュール

M5シリーズの醍醐味といえば、欲しい機能をどんどん拡張していけることです。さまざまな拡張モジュールが発売されていますが、一部を紹介したいと思います。

RoverC

RoverCは、M5StickCに取り付けることができる拡張モジュールで、全方向に移動できる特殊なタイヤ「メカナムホイール」というものがついています。

750mAhのバッテリーが搭載されています。LEGOブロックと互換性があるので、さまざまなLEGOパーツを取り付けることが可能です。JoyCというジョイスティック型のコントローラーと組み合わせてラジコン操作も可能です。

URL https://www.switch-science.com/catalog/6206/

▼RoverCの筐体

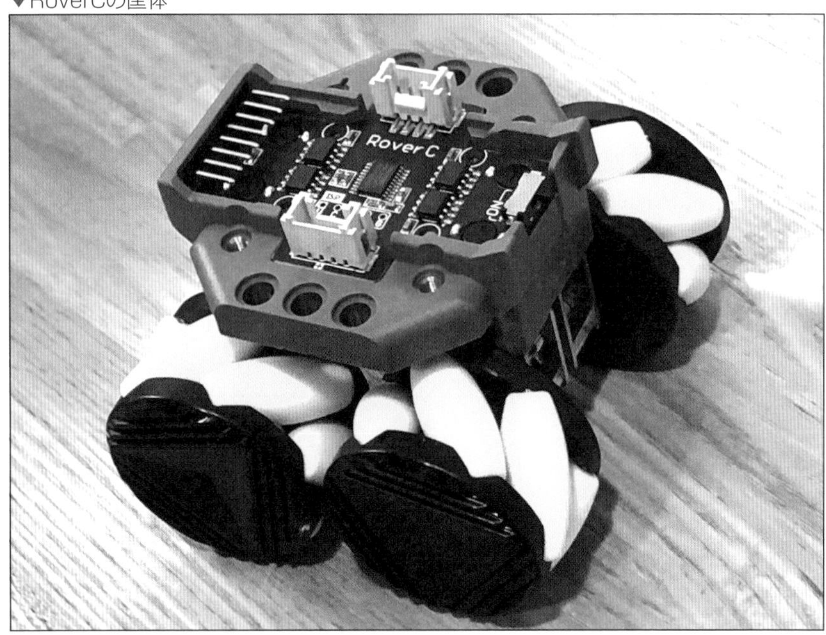

✿ M5StickC専用Hatシリーズ

M5StickC専用HatシリーズもM5StickCに取り付けることができる小型のモジュールで、3種類発売されています。帽子のように被るように取り付けるところからHatという名前が付きました。

▼M5StickC専用Hatシリーズ

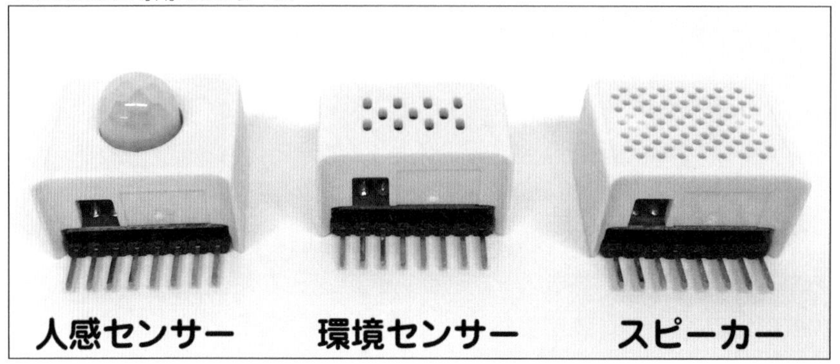

上図の左から人感センサー、環境センサー、スピーカーになります。人感センサーはパッシブ方式の焦電型赤外線センサー(AS312)を搭載しており、赤外線が検出されるとセンサーはHIGHの値を2秒間出力します。人が通って何か動作をしたいときに使います。

環境センサーは温度、湿度、気圧、磁界センサーを搭載しています。サーバールームの監視などに使います。小さくてもパワーがあります。

スピーカーはM5StickCには備わっていないため、音を出力したいときに使います。内蔵PAM8303アンプなので、ノイズやRF干渉に強く、高いオーディオ再生の性能を備えています。

▼人感センサー装着例

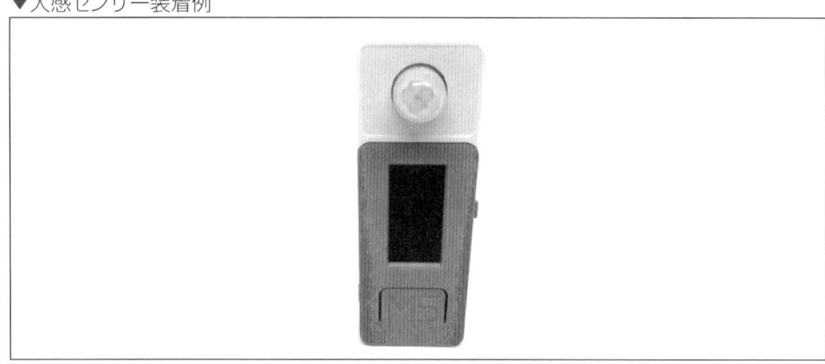

まとめ

どれも小型ですがパワフルな機能が備わっています。用途に応じて足りない機能を追加できるのがM5シリーズの魅力です。本番運用には難しいかもしれませんが、プロトタイプとして提案するには十分すぎるほど機能が満載です。

値段もかなり安いので、ちょっと試すのにはとてもよいです。M5シリーズをきっかけにIoTデビューしてみてはいかがでしょうか？　新しい世界がきっと広がりますよ。

CHAPTER
2

開発環境を整えよう!

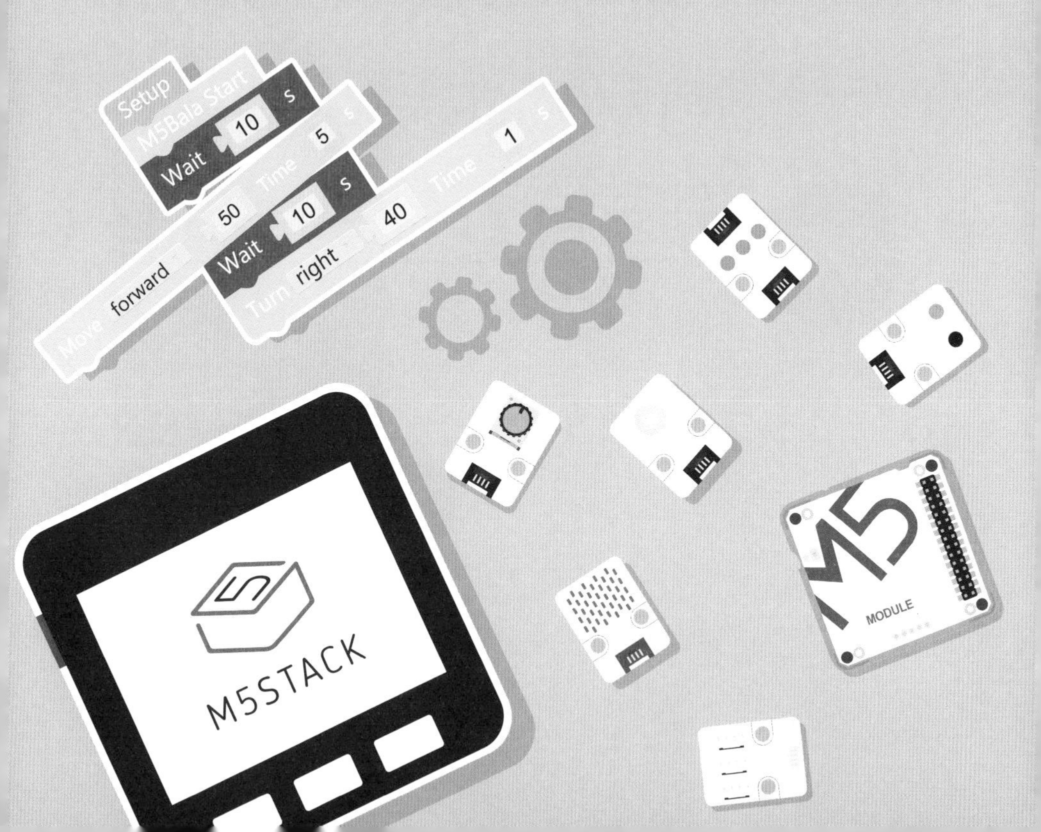
Setup
M5Bala Start
Wait 10 s
Wait 5 s
Move forward 50 Time
Wait 10 s
Turn right 40 Time 1 s
MODULE
M5STACK

M5Stackの開発環境を整える - Windows編

まずは、M5Stackの開発環境を整えましょう。Windows環境と、Mac環境では若干、手順が異なるので、それぞれの環境に応じてセットアップを行ってください。ここではWindows環境でのセットアップ方法を説明します。Mac環境の場合は33ページを参照してください。

Arduino IDEをインストールする

最初にArudino IDEをインストールします。下記のダウンロードサイトからArudino IDEをダウンロードしてください。Arduino IDEのバージョンは執筆時点と異なる場合があります。あらかじめ、ご了承ください。

- Arduino - Software

URL https://www.arduino.cc/en/Main/Software

上記のサイトにアクセスしたら「Windows ZIP file for non admin install」をクリックします。

▼「Windows ZIP file for non admin install」の選択

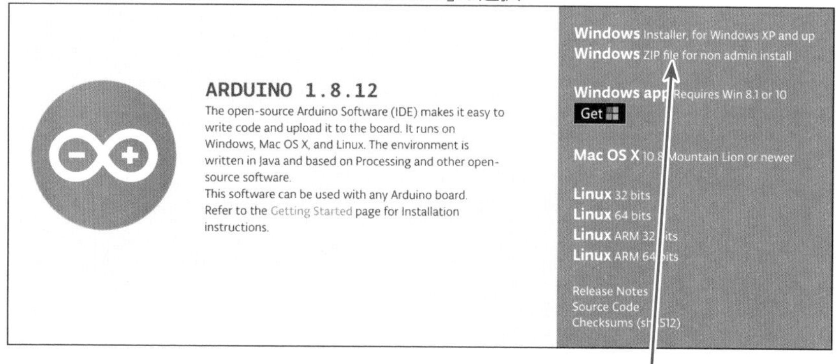

「JUST DOWNLOAD」をクリックして、Arudino.zipファイルをダウンロードします。

▼ダウンロードの実行

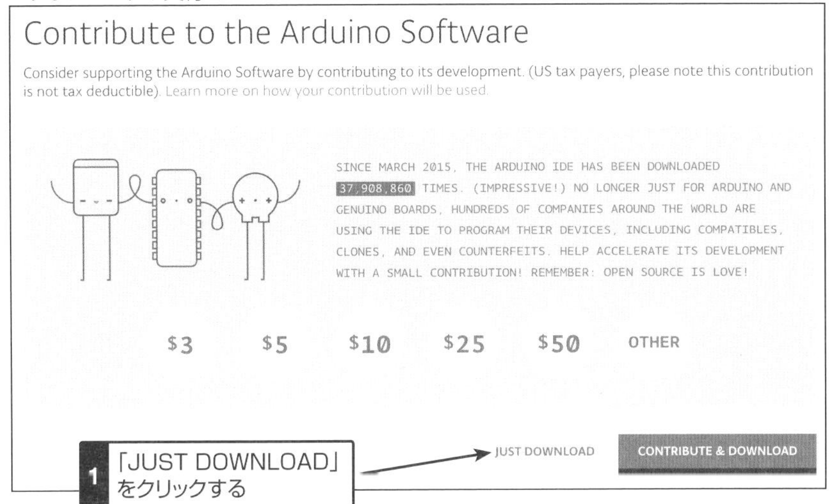

［ファイルを保存する(S)］をONにして、［OK］ボタンをクリックします。

▼zipファイルのダウンロード

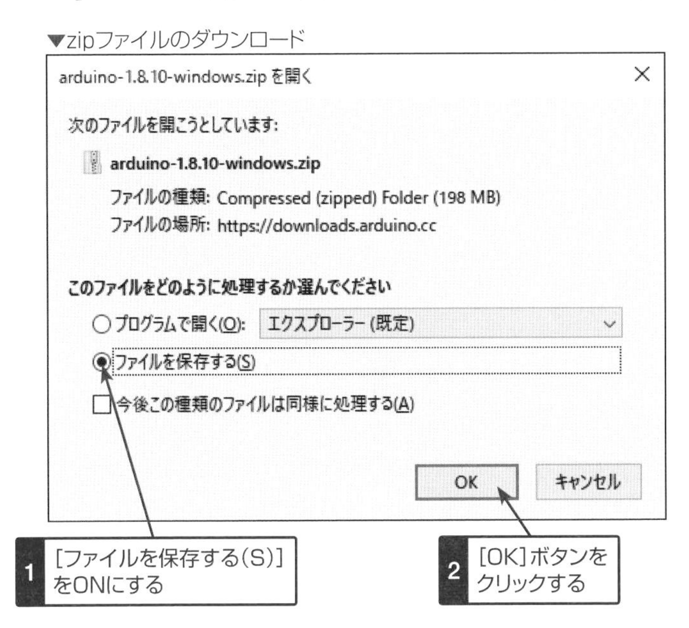

ダウンロードしたzipファイルは解凍しておいてください。

USBドライバをインストールする

次にUSBドライバをインストールします。下記のURLからUSBドライバファイルをダウンロードします。

URL https://m5stack.oss-cn-shenzhen.aliyuncs.com/resource/drivers/CP210x_VCP_Windows.zip

ダウンロードしてファイルを解凍します。解凍したフォルダの中にexeファイルが2つあるので、ご自身の対応した方を起動してください。

- 32-bit OSの場合：CP210xVCPInstaller_x86_vx.x.x.x.exe
- 64-bit OSの場合：CP210xVCPInstaller_x64_vx.x.x.x.exe

▼32-bitか64-bitの選択

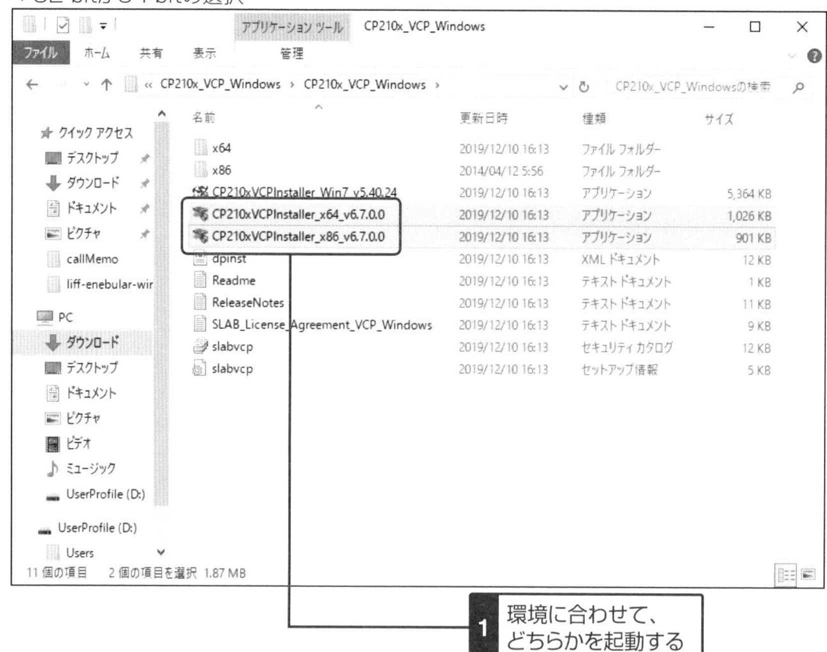

どちらかわからない方はコントロールパネルのシステムから32-bitか64-bitかを調べることができます。

▼コントロールパネルのシステムから確認

exeファイルを起動したら[次へ(N)]ボタンをクリックします。

▼[次へ(N)]ボタンのクリック

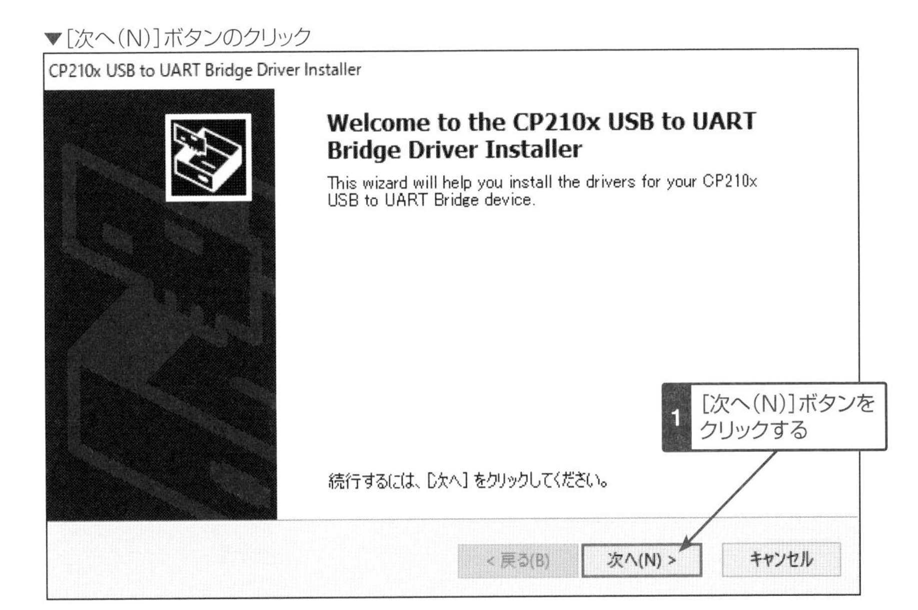

[同意します(A)]をONにしてから、[次へ(N)]ボタンをクリックします。

▼使用許諾契約の確認

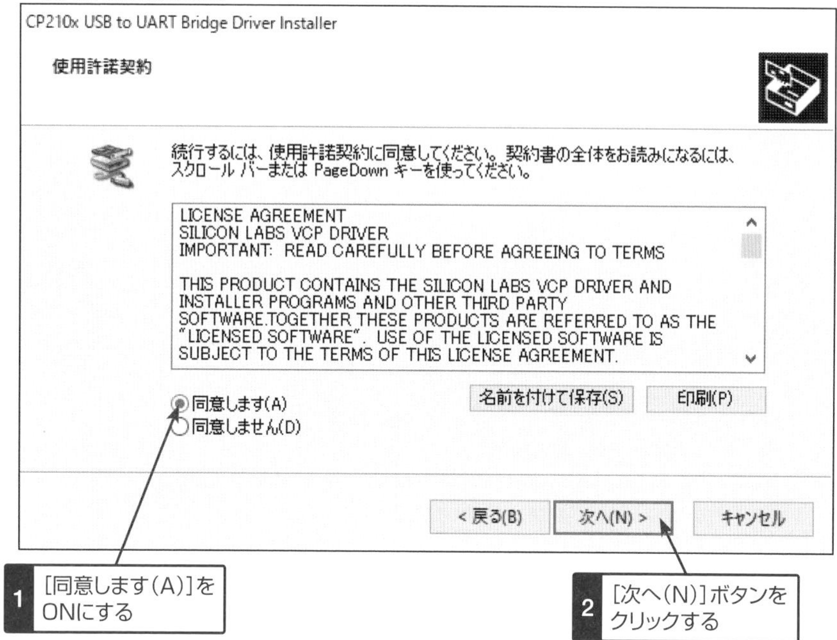

ドライバがインストールされたら[完了]ボタンをクリックします。

▼インストールの完了

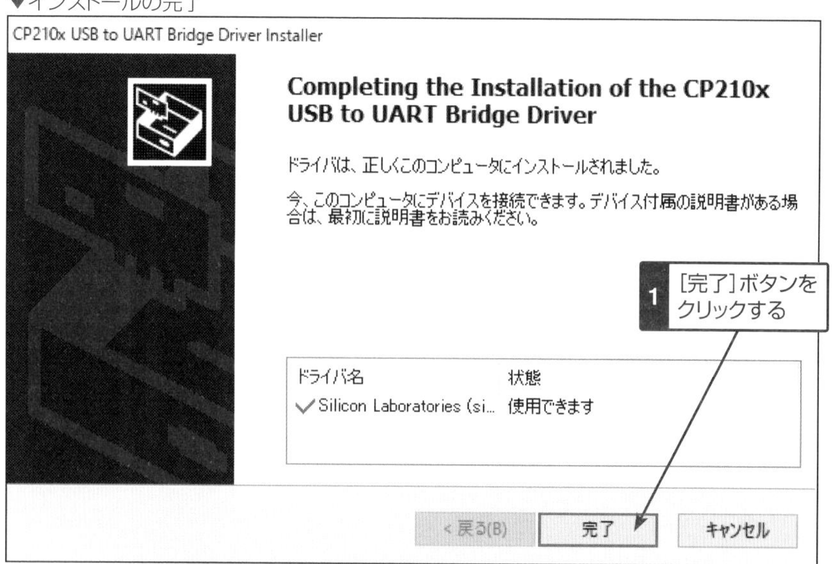

ESP32ボードマネージャをインストールする

USBドライバのインストールが終わったら、ESP32のボードマネージャをインストールします。

Arduino IDEのexeファイルを起動します。

▼Arduino IDEの起動

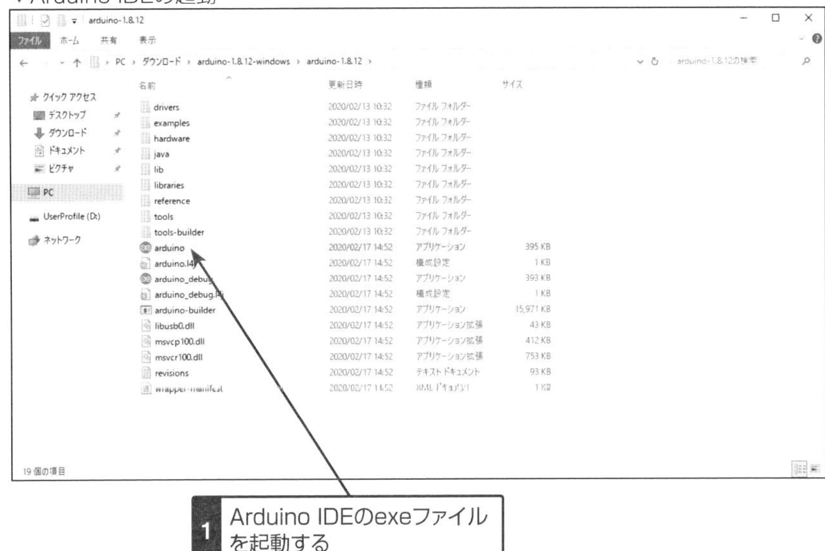

メニューから[ファイル]→[環境設定]をクリックします。

▼「環境設定」の表示

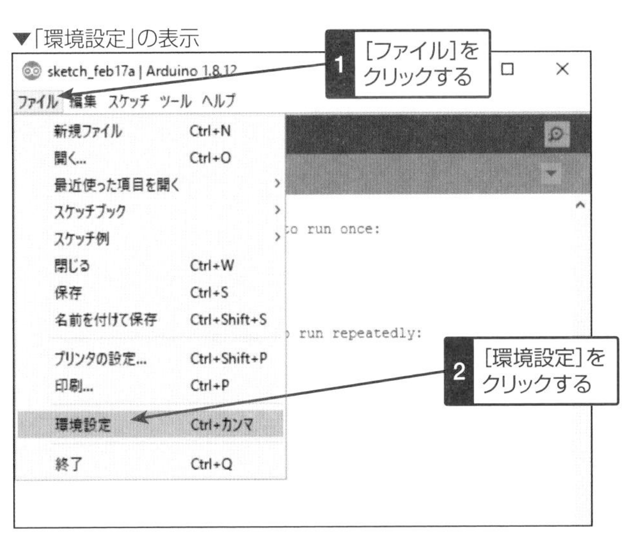

［追加のボードマネージャのURL］の右端のボタンをクリックします。すると、「追加のボードマネージャのURL」ダイアログボックスが表示されるので、［追加のURLを1行ずつ入力］に下記のURLを入力します（誌面の都合上、改行していますが、改行せずにして入力してください）。

```
https://raw.githubusercontent.com/espressif/arduino-esp32/gh-pages/
package_esp32_index.json
```


▼ボードマネージャのURLの設定

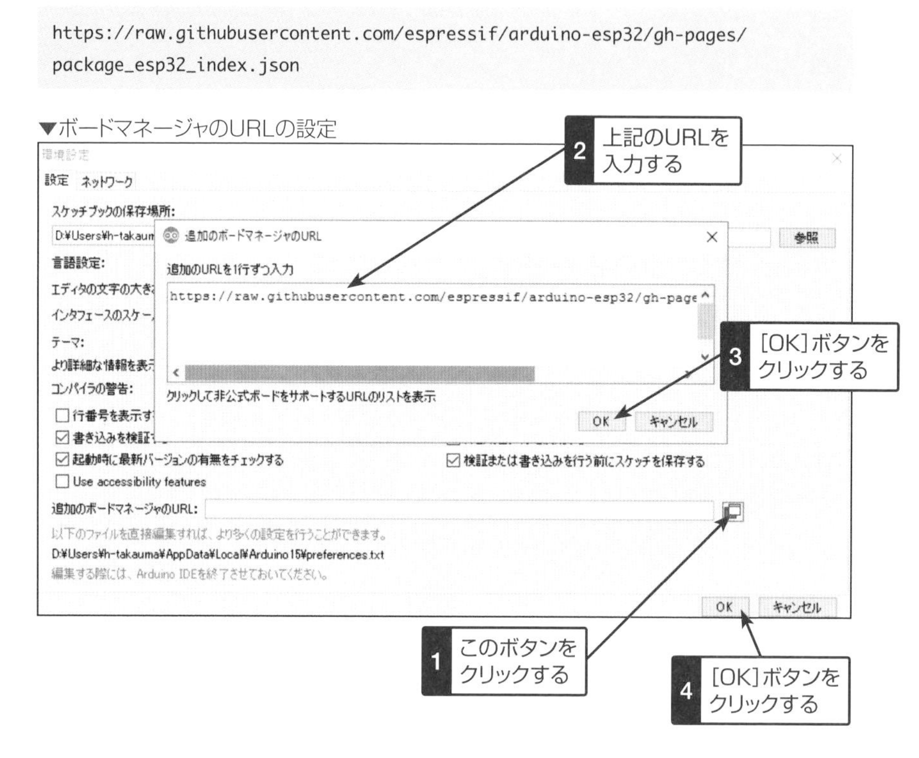

メニューから［ツール］→［ボード］→［ボードマネージャ］を選択します。

▼「ボードマネージャ」の表示

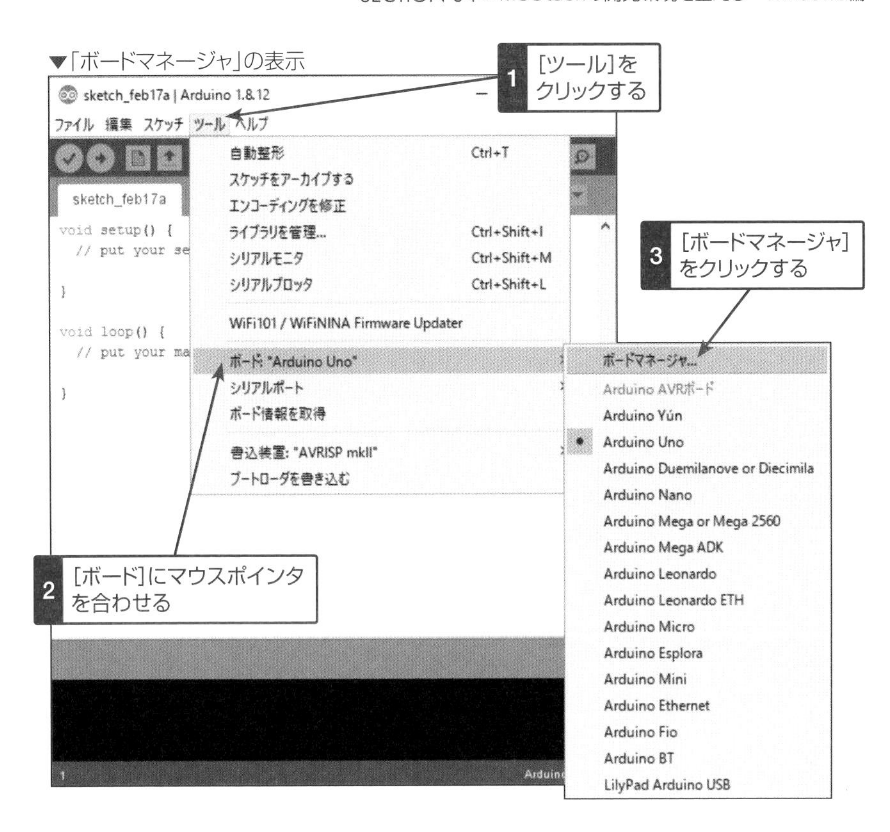

検索窓に「esp32」と入力して絞り込みを行い、esp32の[インストール]ボタンをクリックします。

▼ESP32のボードマネージャのインストール

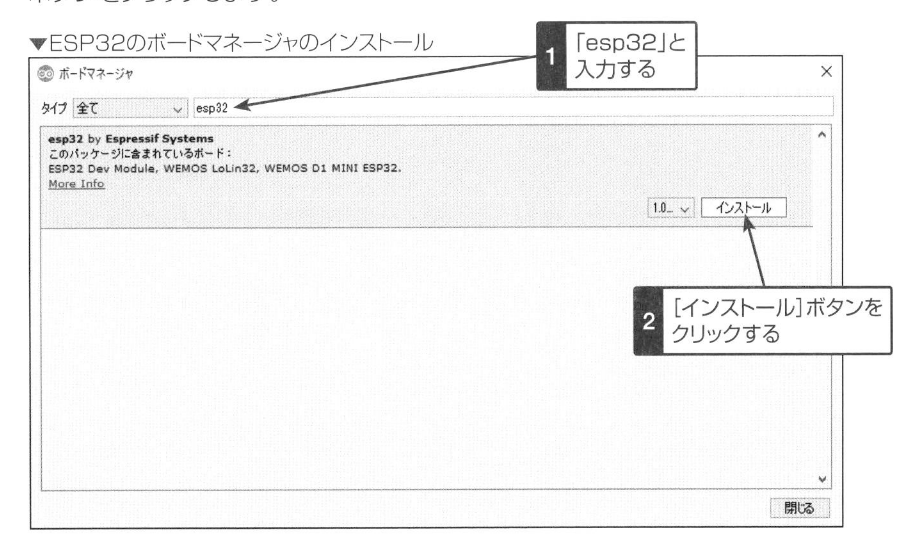

M5Stack用のライブラリをインストールする

最後にM5Stack用のライブラリをインストールします。

メニューから[スケッチ]→[ライブラリをインクルード]→[ライブラリを管理]を選択します。

▼ライブラリマネージャの表示

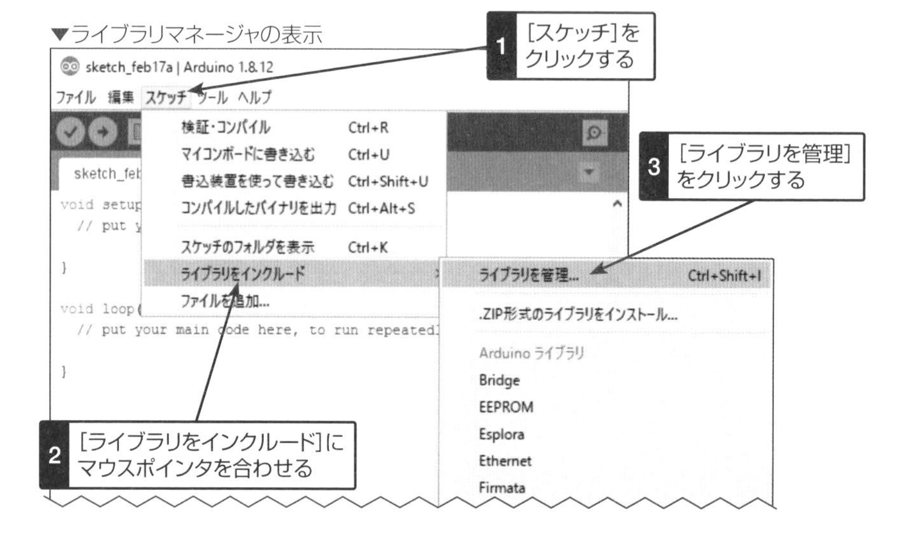

検索窓に「m5stack」と入力して絞り込みます。表示されたLibrary for M5Stack Core development kitの[インストール]ボタンをクリックします。これでM5Stackの開発環境が整いました。

▼ライブラリのインストール

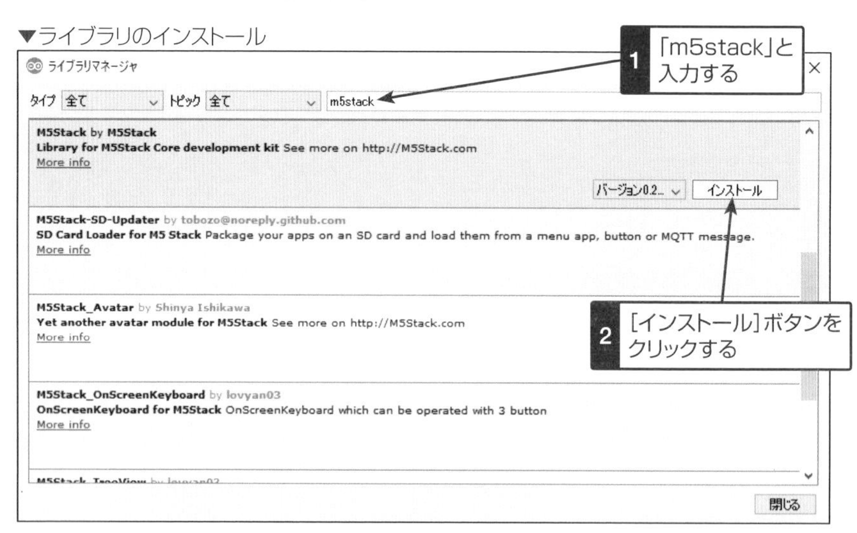

M5Stackの開発環境を整える - Mac編

Mac用の環境を整えていきます。基本的にWindows用と変わりありません。

Arduino IDEをインストールする

最初にArudino IDEをインストールします。下記のダウンロードサイトからArudino IDEをダウンロードしてください。Arduino IDEのバージョンは執筆時点と違う場合がありますのでご了承ください。

- **Arduino - Software**

  URL https://www.arduino.cc/en/Main/Software

上記のサイトにアクセスしたら「Mac OS X 10.8 Mountain Lion or newer」をクリックします。

▼「Mac OS X 10.8 Mountain Lion or newer」の選択

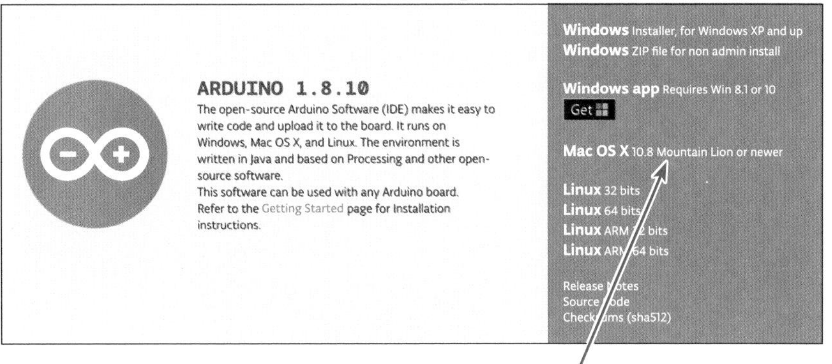

1 「Mac OS X 10.8 Mountain Lion or newer」をクリックする

「JUST DOWNLOAD」をクリックして、Arudino.zipファイルをダウンロードします。

▼ダウンロードの実行

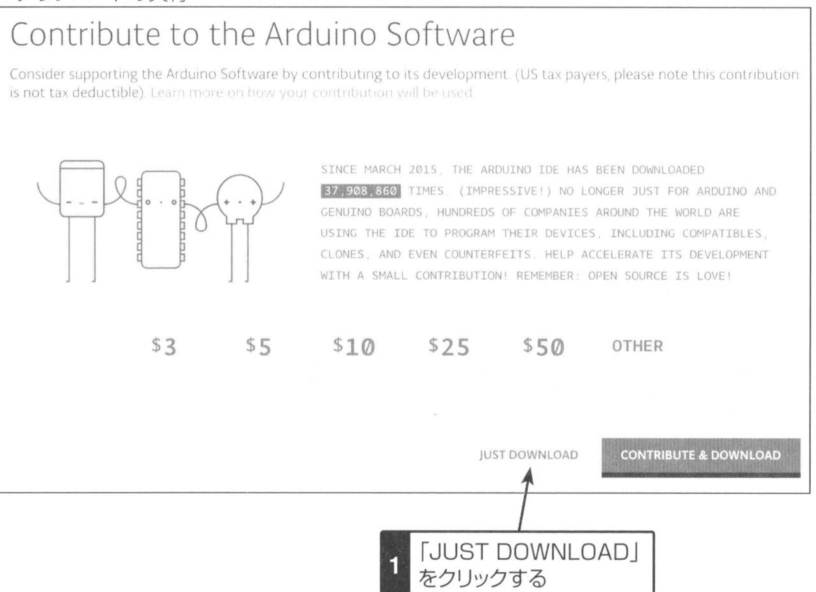

zipファイルを解凍して `Arduino.app` ファイルを起動します。

▼Arduino.appファイルの起動

✿ USBドライバをインストールする

次にUSBドライバをインストールします。下記のURLからUSBドライバファイルをダウンロードします。

URL https://m5stack.oss-cn-shenzhen.aliyuncs.com/resource/drivers/CP210x_VCP_MacOS.zip

ダウンロードしたファイルを解凍してください。

その中にある `SiLabsUSBDriverDisk.dmg` をダブルクリックして展開します。展開したら、その中にある `Silicon Labs VCP Driver.pkg` ファイルをダブルクリックします。

▼インストーラの起動

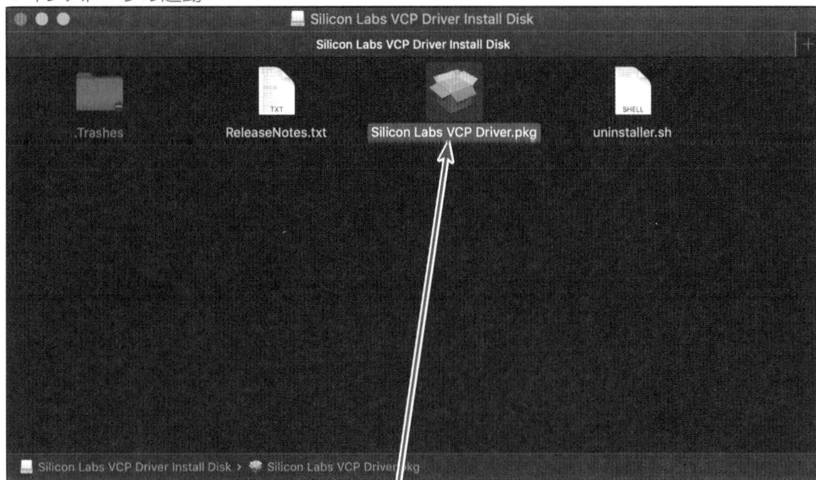

インストーラが起動します。

「はじめに」部分は［続ける］ボタンをクリックします。

▼[続ける]ボタンをクリック

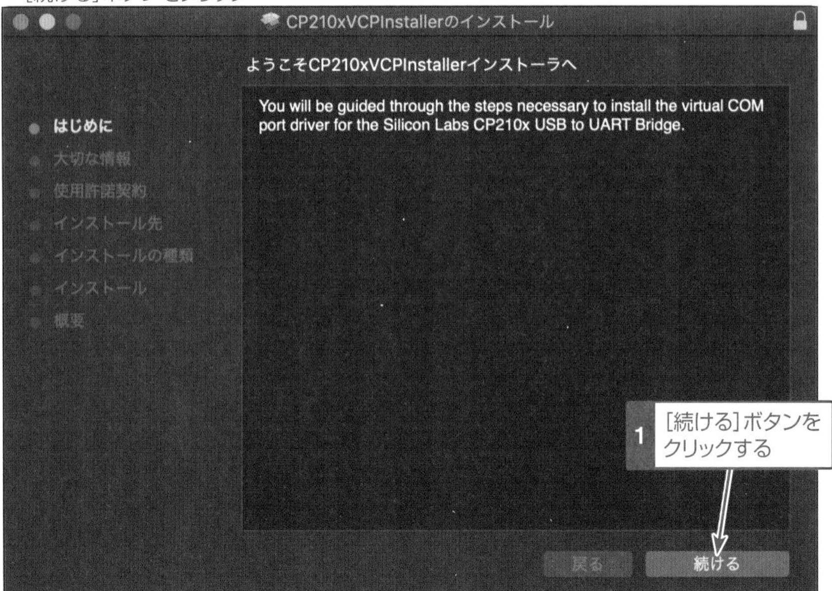

「大切な情報」部分も[続ける]ボタンをクリックします。

▼[続ける]ボタンをクリック

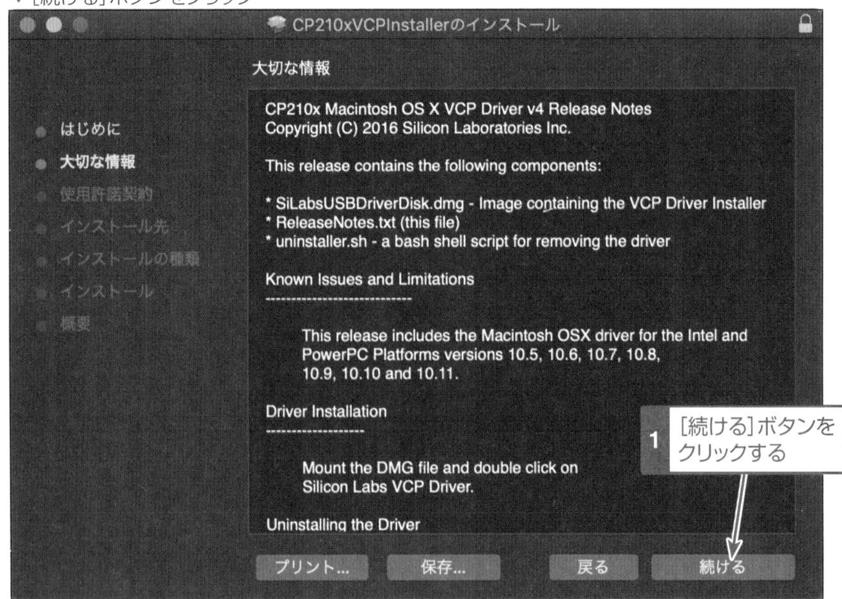

「使用承諾契約」部分も［続ける］ボタンをクリックして、［同意する］ボタンをクリックします。

▼使用許諾契約の確認

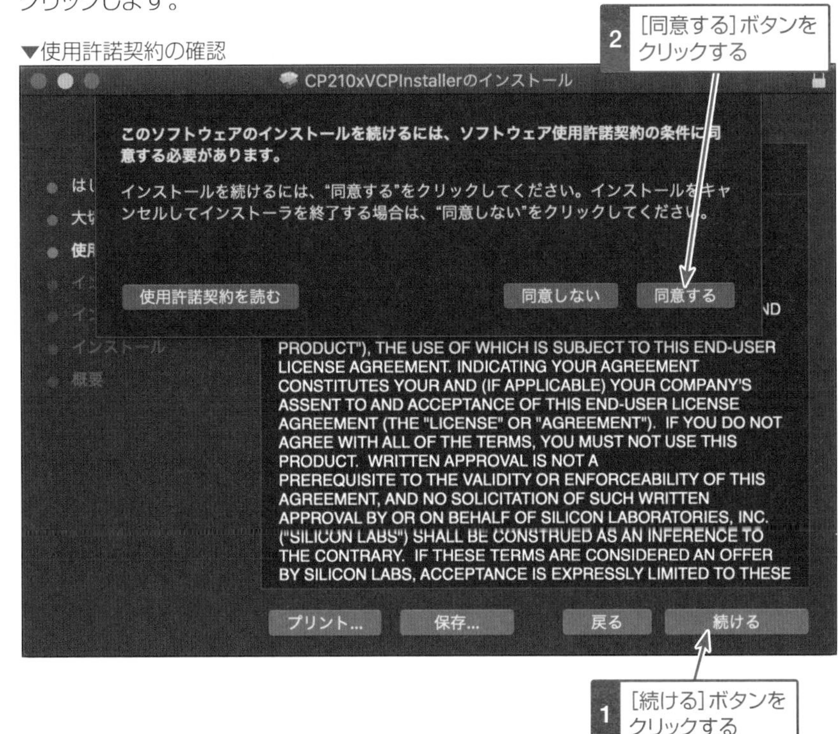

［インストール］ボタンをクリックします。

▼インストールの実行

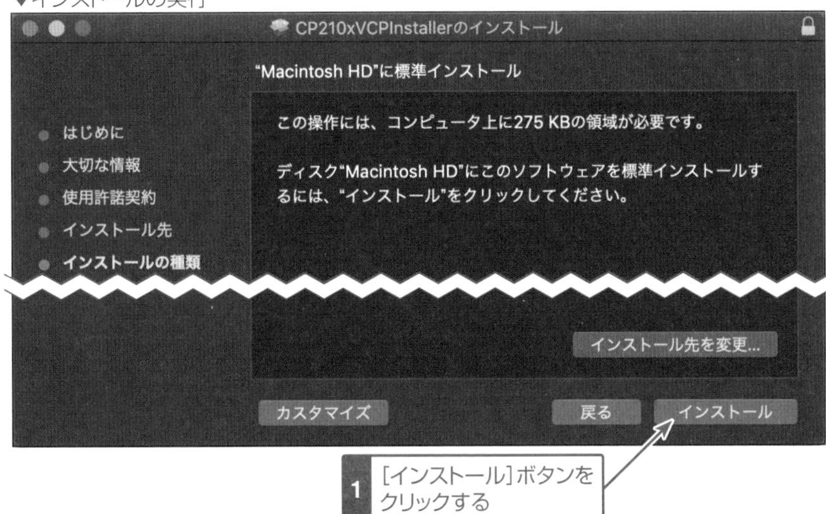

インストールが完了したら、[閉じる]ボタンをクリックします。

▼インストールの完了

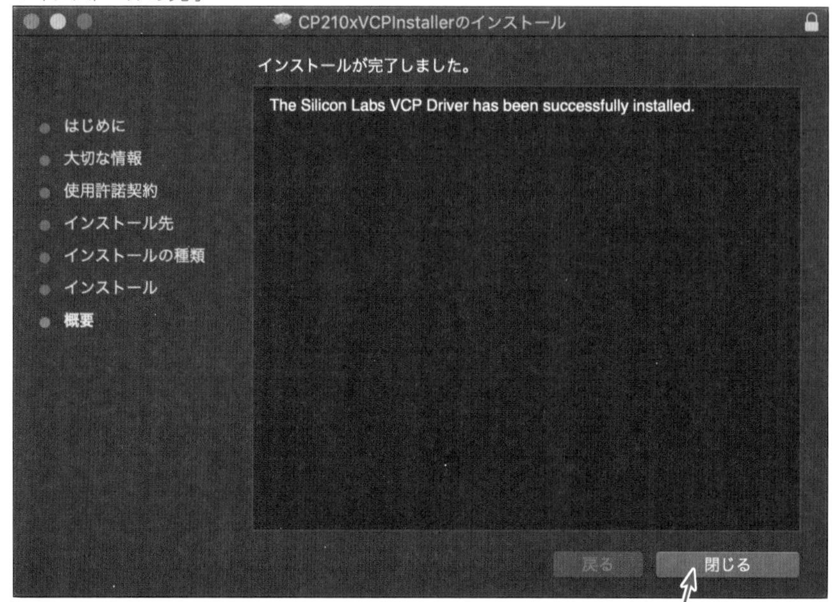

次にUSBドライバが正しくインストールできているか確認します。M5StackをUSB Type-Cケーブルでパソコンにつないでください。ターミナルを開いて、下記のコマンドを実行します。

```
$ ls /dev/tty*
```

リストの中に `/dev/tty.SLAB_USBtoUART` があることを確認します。この名前がリストにない場合はUSBドライバが正しくインストールされていない可能性があります。再度、インストールをして名前が出てくることを確認してください。

▼「/dev/tty.SLAB_USBtoUART」の確認

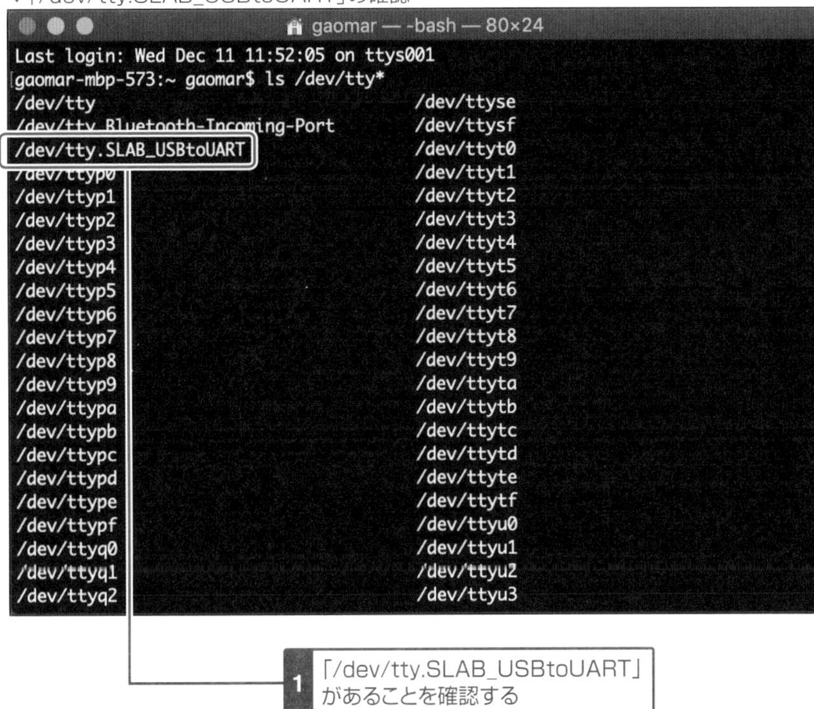

ESP32ボードマネージャをインストールする

Arduino IDEを起動し、メニューから[Arduino]→[Preferences]を選択します。

▼環境設定の表示

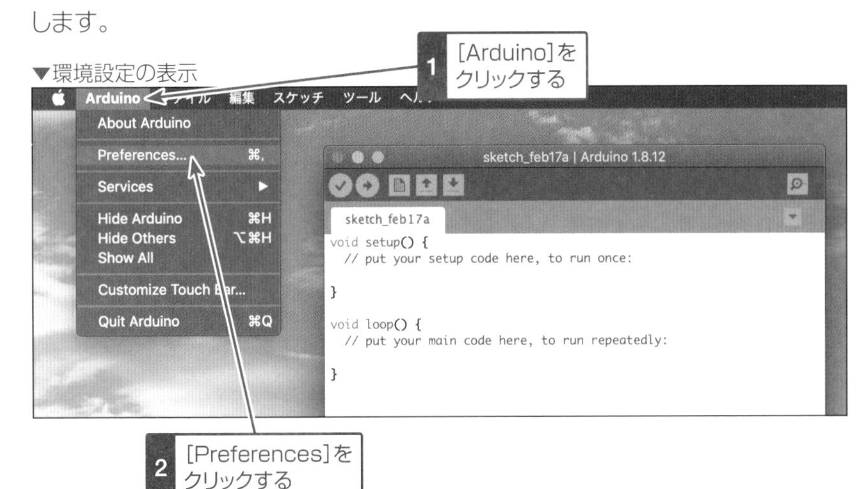

[追加のボードマネージャのURL]の右端のアイコンをクリックします。すると、「追加のボードマネージャのURL」ダイアログボックスが表示されるので、[追加のURLを1行ずつ入力]に下記のURLを入力します(誌面の都合上、改行していますが、改行せずにして入力してください)。

```
https://raw.githubusercontent.com/espressif/arduino-esp32/gh-pages/
package_esp32_index.json
```

▼ボードマネージャのURLの設定

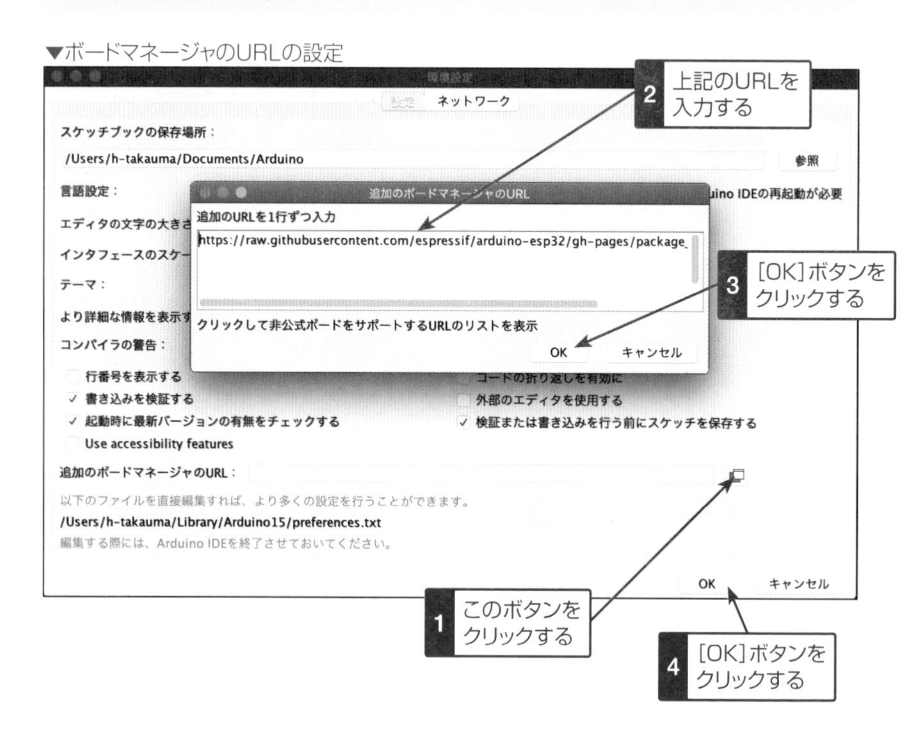

メニューから[ツール]→[ボード]→[ボードマネージャ]を選択します。

▼ボードマネージャの表示

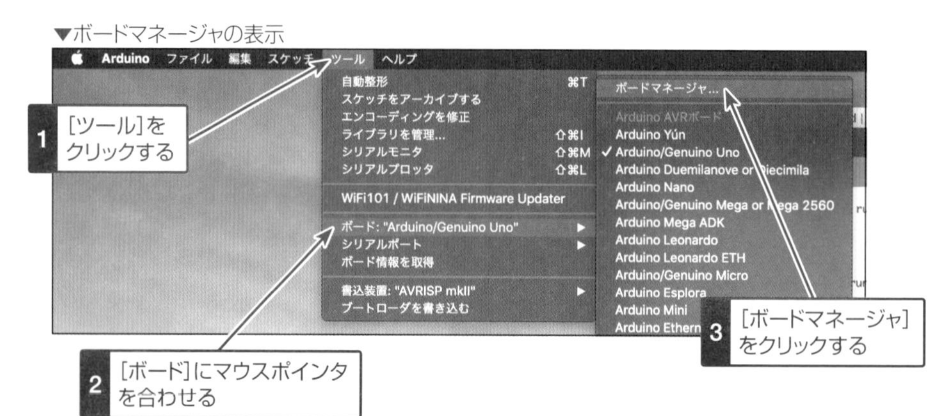

検索窓に「esp32」と入力して絞り込みを行い、esp32の[インストール]ボタンをクリックします。

▼ESP32のボードマネージャのインストール

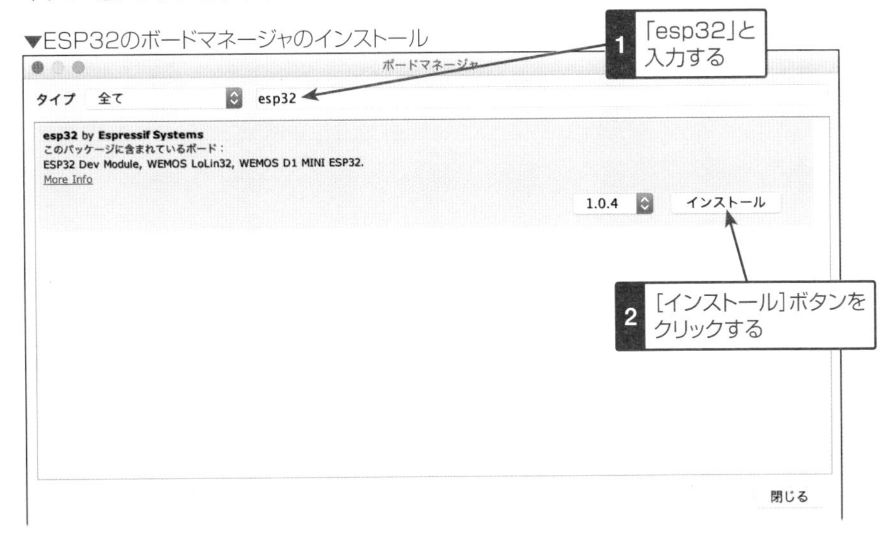

M5Stackライブラリをインストールする

最後にM5Stack用のライブラリをインストールします。

メニューから[スケッチ]→[ライブラリをインクルード]→[ライブラリを管理]を選択します。

▼ライブラリマネージャの表示

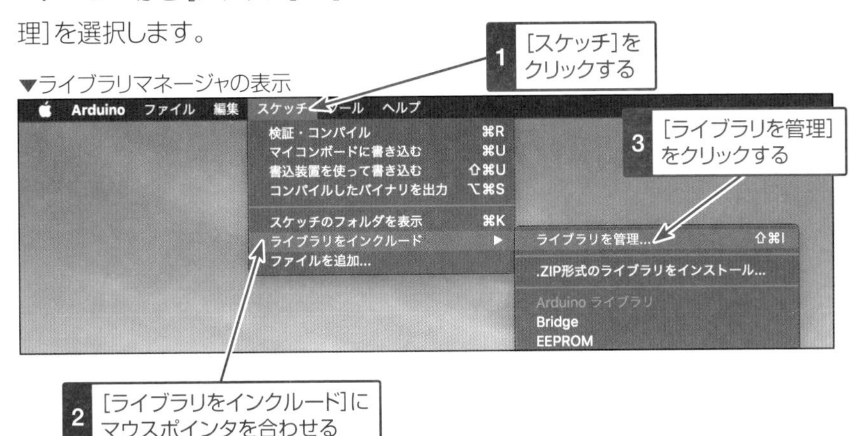

検索窓に「m5stack」と入力して絞り込みます。表示されたLibrary for M5Stack Core development kitの[インストール]ボタンをクリックします。これでM5Stackの開発環境が整いました。

▼ライブラリのインストール

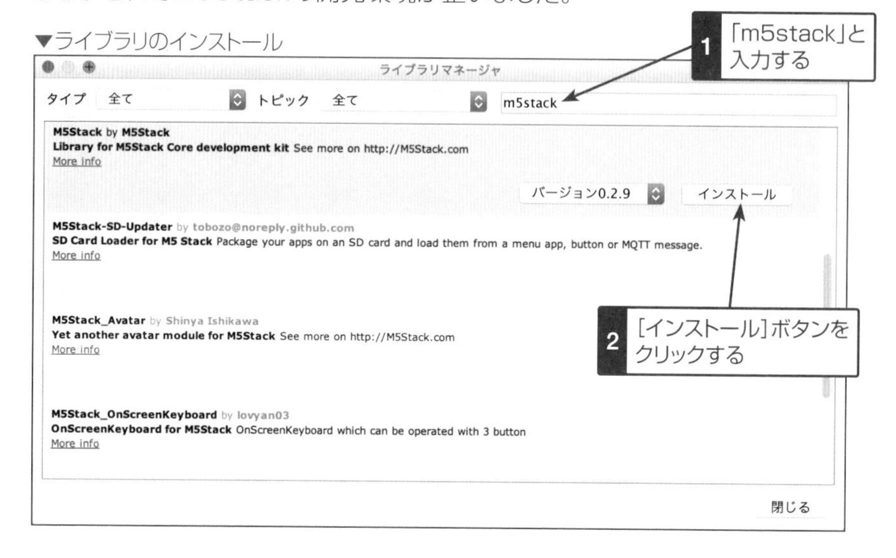

M5StickCの開発環境を整える

M5StickCの開発環境を整えます。ESP32をインストールするところまではM5Stackと同じなので、Windows環境は24ページ、Mac環境は33ページを参照してください。

ここでは、ライブラリのインストールから解説します。

M5StickCライブラリをインストールする

Arduino IDEを起動し、メニューから［スケッチ］→［ライブラリをインクルード］→［ライブラリを管理］をクリックします。

▼ライブラリマネージャの表示（Windows）

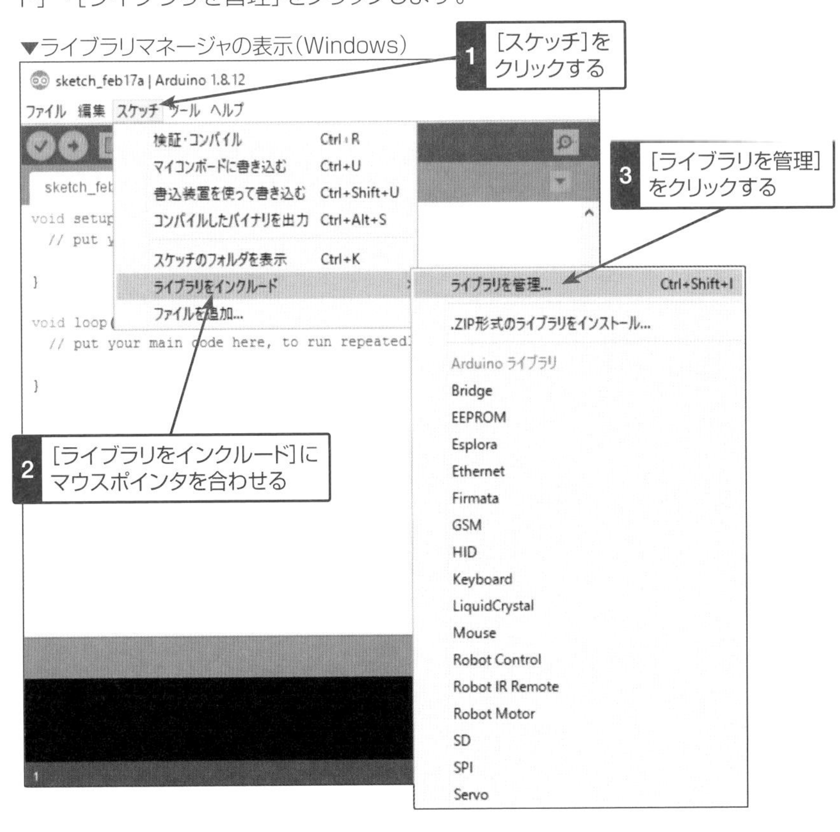

▼ライブラリマネージャの表示(Mac)

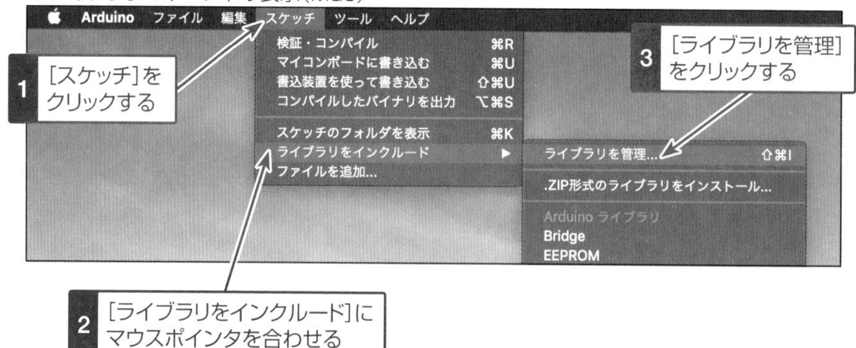

検索窓に「m5stick」と入力して絞り込みます。表示されたLibrary for M5StickC Core development kitの[インストール]ボタンをクリックします。これでM5StickCの開発環境が整いました。

▼ライブラリのインストール

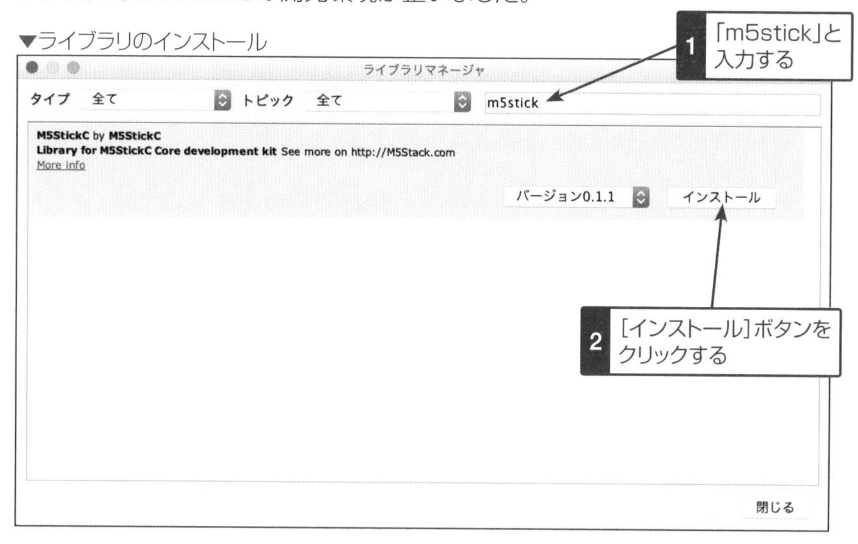

1
2 開発環境を整えよう!
3
4
5
6
7
8

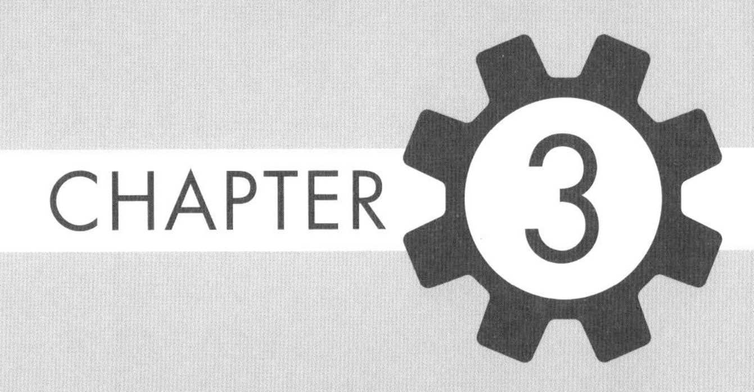

HelloWorldを動かそう!

M5Stackにプログラムを書き込む

環境が整ったら、サンプルのスケッチを書き込んで動かしてみましょう。スケッチはArduinoにおけるプログラムのことです。

ここでは、ArduinoでM5Stackに書き込む方法を説明します。

書き込み設定を行う

スケッチを書き込む設定を行います。メニューの[ツール]から各種項目を設定します。その他の設定はデフォルトのままで構いません。変更部分だけピックアップしています。

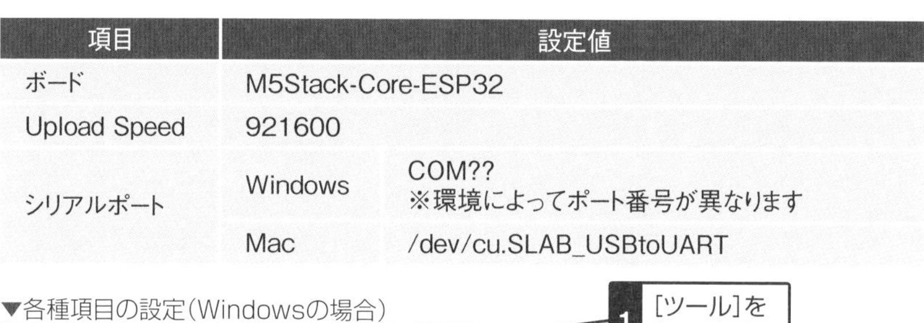

項目	設定値	
ボード	M5Stack-Core-ESP32	
Upload Speed	921600	
シリアルポート	Windows	COM?? ※環境によってポート番号が異なります
	Mac	/dev/cu.SLAB_USBtoUART

▼各種項目の設定（Windowsの場合）

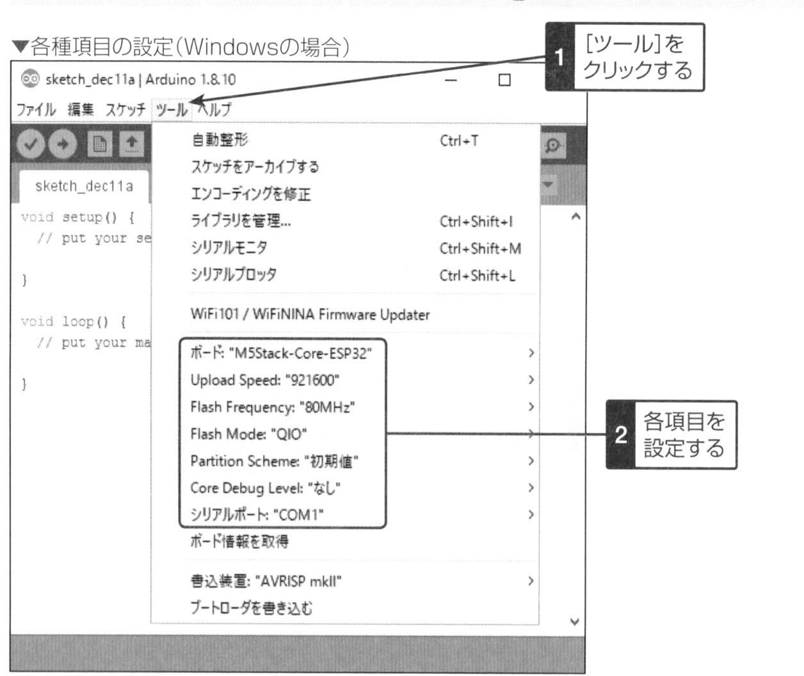

▼各種項目の設定（Macの場合）

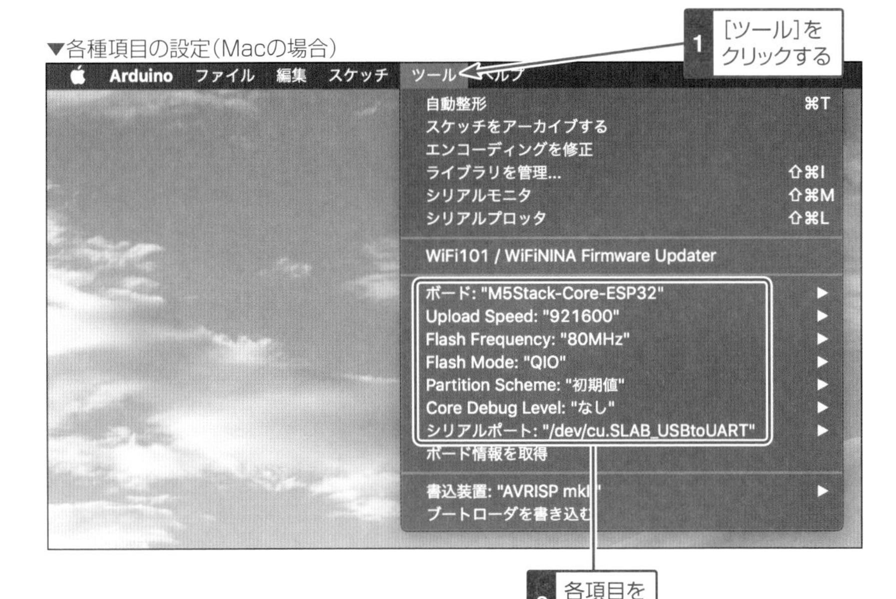

「HelloWorld」を開く

サンプルのスケッチは[ファイル]メニューの[スケッチ例]→[M5Stack]以下に用意されています。

メニューから[ファイル]→[スケッチ例]→[M5Stack]→[Basics]→[HelloWorld]を選択して、「HelloWorld」というスケッチを開きます。

▼「HelloWorld」を開く

スケッチを書き込む

「HelloWorld」を開いたら、M5StackをUSBケーブルにつないで、[マイコンボードに書き込む]ボタンをクリックします。

▼書き込みの実行

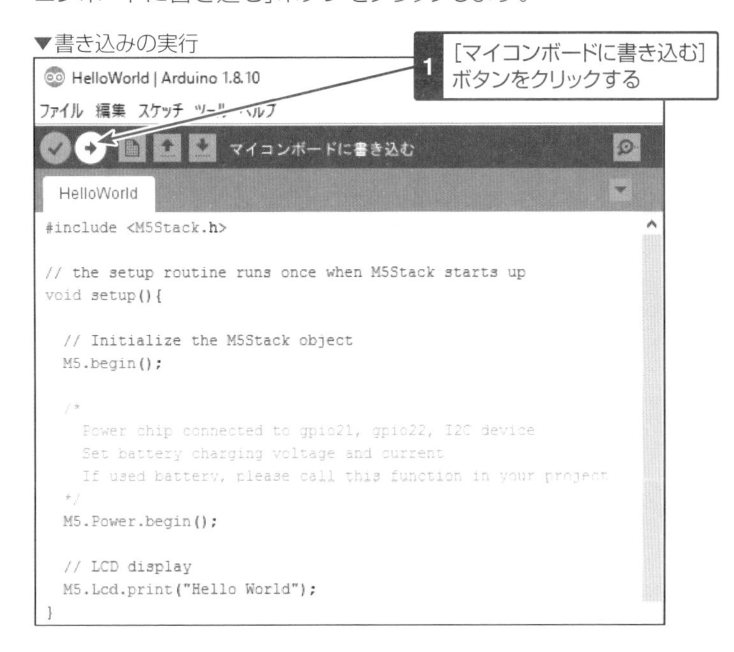
1
[マイコンボードに書き込む]ボタンをクリックする
HelloWorld | Arduino 1.8.10
ファイル 編集 スケッチ ツール ヘルプ
マイコンボードに書き込む
HelloWorld
#include <M5Stack.h>
// the setup routine runs once when M5Stack starts up
void setup(){
// Initialize the M5Stack object
M5.begin();
/*
Power chip connected to gpio21, gpio22, I2C device
Set battery charging voltage and current
If used battery, please call this function in your project
*/
M5.Power.begin();
// LCD display
M5.Lcd.print("Hello World");
}

書き込みが完了すると、M5Stackの画面に「Hello World」と表示されます。

▼Hello Worldと表示される

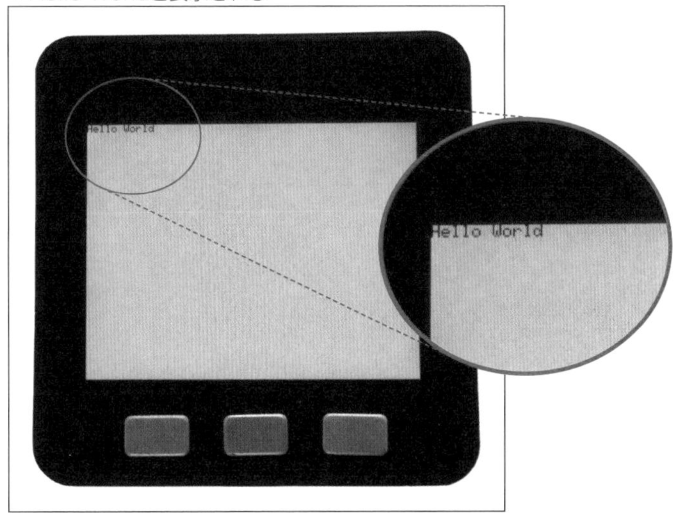
Hello World
Hello World

M5StickCにプログラムを書き込む

ここでは、ArduinoでM5StickCに書き込む方法を説明します。

書き込み設定を行う

スケッチを書き込む設定を行います。メニューの[ツール]から各種項目を設定します。その他の設定はデフォルトのままで構いません。変更部分だけピックアップしています。

項目	設定値	
ボード	M5Stick-C	
Upload Speed	1500000 ※書き込みに失敗する場合は小さい数字を選択してください	
シリアルポート	Windows	COM?? ※環境によってポート番号が異なります
	Mac	/dev/cu.usbserial-XXXXXX

▼各種項目の設定(Windowsの場合)

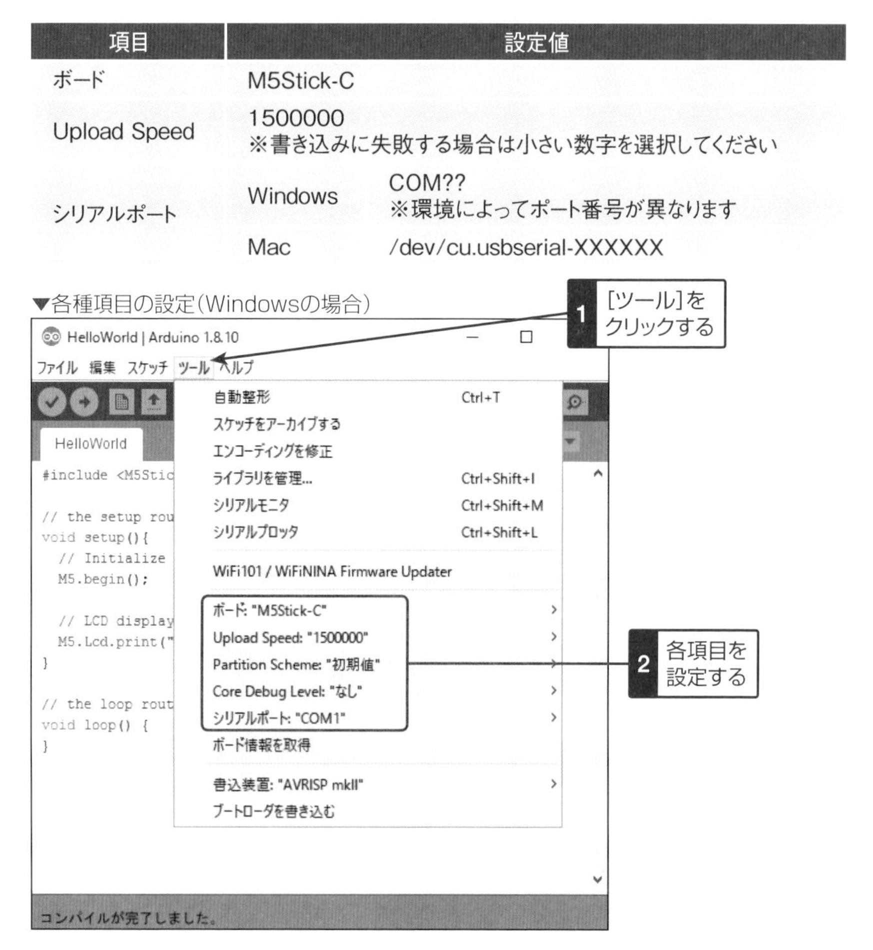

▼各種項目の設定(Macの場合)

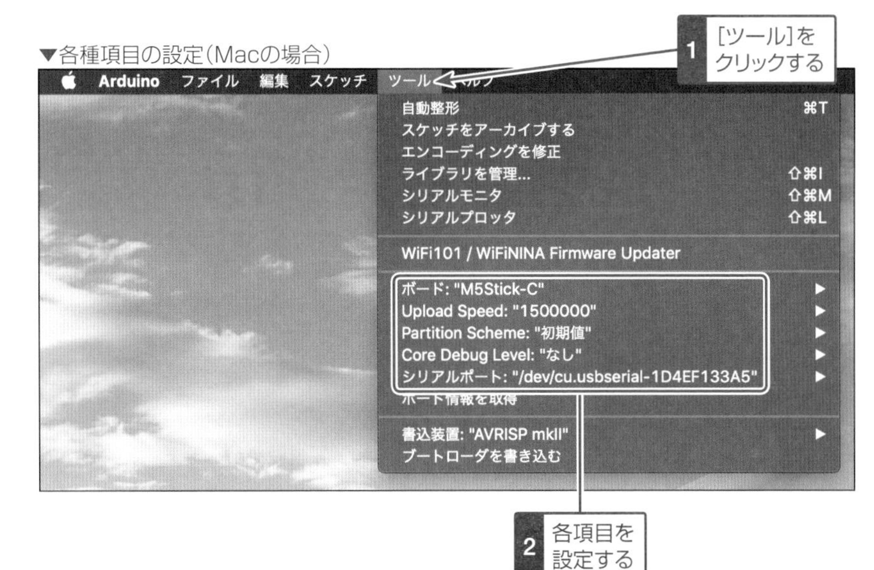

✿「HelloWorld」を開く

サンプルのスケッチは[ファイル]メニューの[スケッチ例]→[M5StickC]以下に用意されています。

メニューから[ファイル]→[スケッチ例]→[M5StickC]→[Basics]→[HelloWorld]を選択して、「HelloWorld」というスケッチを開きます。

▼「HelloWorld」を開く

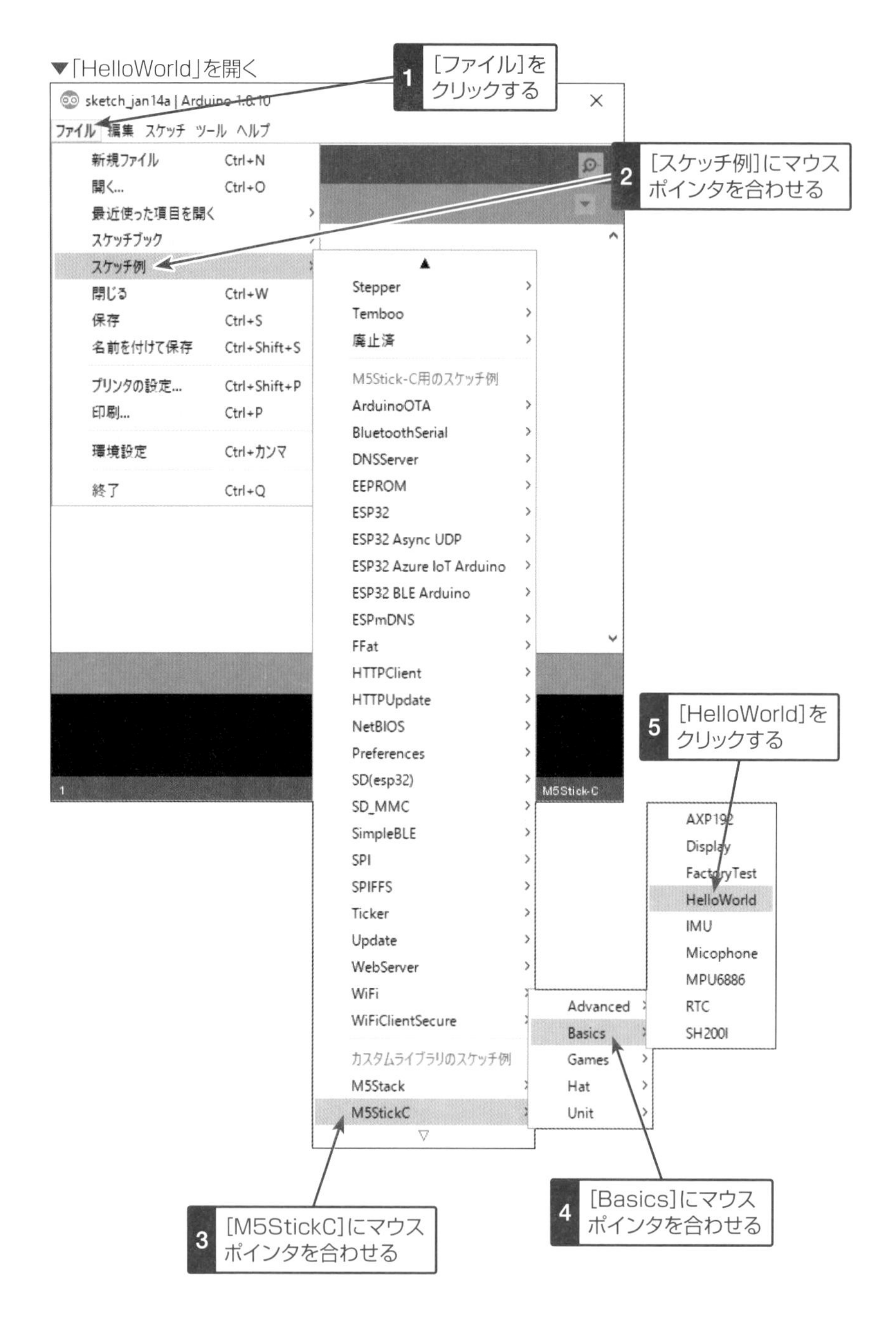

✿ スケッチを書き込む

「HelloWorld」を開いたら、M5StickCをUSBケーブルにつないで、[マイコンボードに書き込む]ボタンをクリックします。

▼書き込みの実行

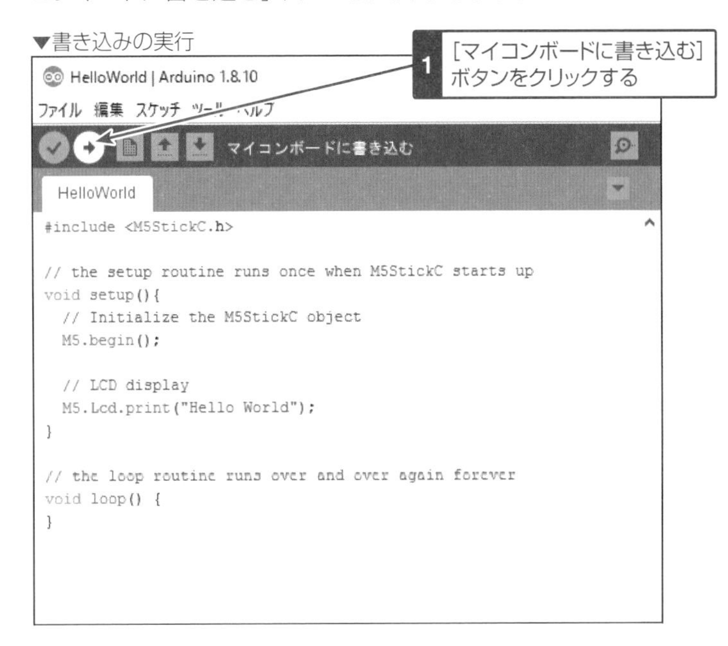
1
[マイコンボードに書き込む]
ボタンをクリックする
HelloWorld | Arduino 1.8.10
ファイル 編集 スケッチ ツール ヘルプ
マイコンボードに書き込む
HelloWorld
#include <M5StickC.h>
// the setup routine runs once when M5StickC starts up
void setup(){
// Initialize the M5StickC object
M5.begin();
// LCD display
M5.Lcd.print("Hello World");
}
// the loop routine runs over and over again forever
void loop() {
}

書き込みが完了するとM5StickCの画面に「Hello World」と表示されます。

▼Hello Worldと表示される

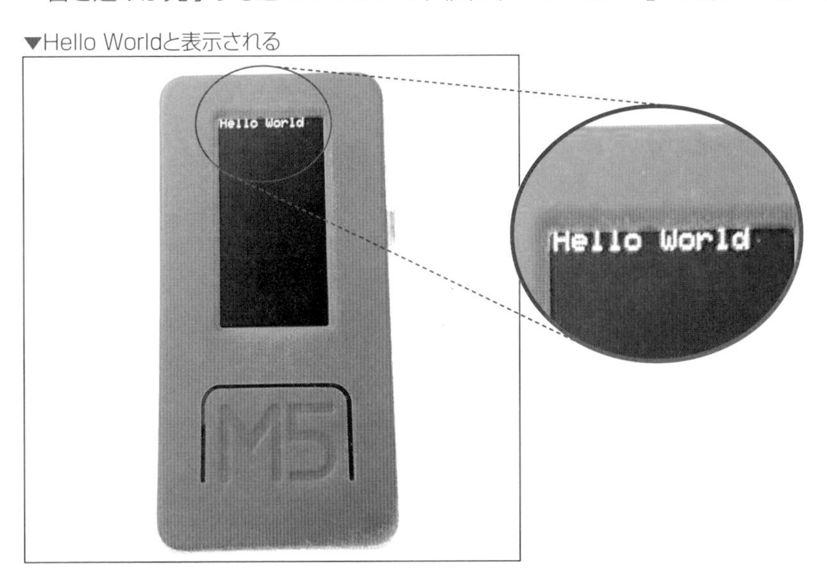
Hello World
Hello World
M5

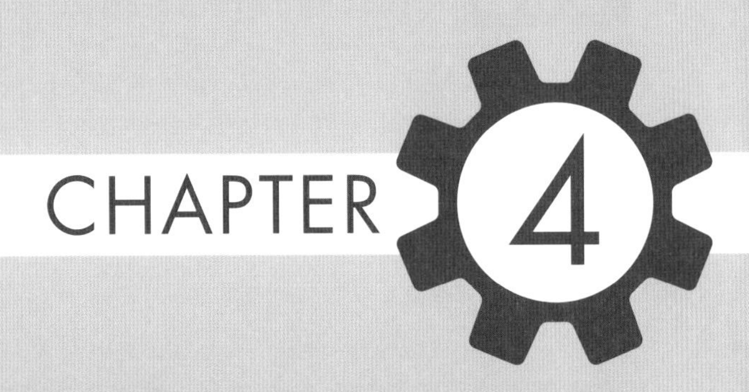

ボタンを押してカウントアップしてみよう!

ボタンカウント処理（M5Stack編）

M5Stack、M5StickCにはハードウェアボタンが搭載されています。この章ではハードウェアボタンを押して数字をカウントアップ／カウントダウンするプログラムを作成します。

ここでは、M5Stackでのボタンカウント処理について説明します。

カウントアップ、ダウン処理

ボタンを押した際の処理はとてもシンプルです。M5Stackは3つのボタンが用意されているので、Aボタン（一番左のボタン）でカウントアップ、Cボタン（一番右のボタン）でカウントダウンを実装しました。下記プログラムをArduinoに貼り付けてM5Stackをつないで動かしてみてください。

▼M5Stackでカウント処理

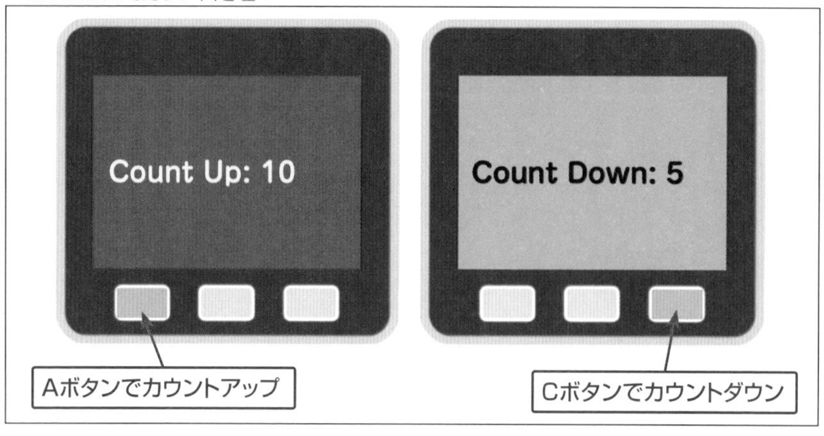

SOURCE CODE

```
1: #include <M5Stack.h>
2:
3: // カウント初期化
4: int count = 0;
5:
6: void setup() {
7:   M5.begin();
8:   M5.Lcd.clear(BLACK);
```

```
 9:   M5.Lcd.setTextSize(3);
10:   M5.Lcd.setCursor(10, 100);
11:   M5.Lcd.println("Button Click!");
12: }
13:
14: // Add the main program code into the continuous loop() function
15: void loop() {
16:   M5.update();
17:
18:   if (M5.BtnA.wasReleased()) {
19:     // カウントアップ
20:     count++;
21:
22:     // ディスプレイ表示
23:     M5.Lcd.setCursor(10, 100);
24:     M5.Lcd.fillScreen(RED);
25:     M5.Lcd.setTextColor(YELLOW);
26:     M5.Lcd.setTextSize(3);
27:     M5.Lcd.printf("Count Up: %d", count);
28:   }
29:
30:   if(M5.BtnC.wasReleased()) {
31:     // カウントダウン
32:     count--;
33:
34:     // ゼロ以下にはしない
35:     if (count <= 0) count = 0;
36:
37:     // ディスプレイ表示
38:     M5.Lcd.setCursor(10, 100);
39:     M5.Lcd.fillScreen(GREEN);
40:     M5.Lcd.setTextColor(BLACK);
41:     M5.Lcd.setTextSize(3);
42:     M5.Lcd.printf("Count Down: %d", count);
43:   }
44: }
```

10行目の `M5.Lcd.setCursor` で文字列を表示する座標を設定しています。11行目の `M5.Lcd.println` で画面に表示する文字列を設定しています。16行目の `M5.update` はボタンの処理を実装する際に必ず必要です。これを書いておかないとボタンの状態が更新されません。

18行目の `M5.BtnA.wasReleased()` でAボタンを離したら反応します。20行目でカウントアップして、23〜27行目で画面に反映しています。Cボタンも同様の処理をしています。こちらは32行目でカウントダウン処理を行っています。35行目でカウント値が0以下にならないように対応をしています。

背景色は `M5.Lcd.fillScreen` で好きな色を指定してみてください。文字色は `M5.Lcd.setTextColor` で指定しています。

カウント初期化処理

ボタンの処理には他にも色々あります。今回は中央にあるBボタンを長押ししたらカウントがリセットされる処理を追加してみます。プログラムは下記の通りです。

▼Bボタン長押しでカウントクリア

SOURCE CODE

```
 1: #include <M5Stack.h>
 2:
 3: // カウント初期化
 4: int count = 0;
 5:
 6: void setup() {
 7:   M5.begin();
 8:   M5.Lcd.clear(BLACK);
 9:   M5.Lcd.setTextSize(3);
10:   M5.Lcd.setCursor(10, 100);
11:   M5.Lcd.println("Button Click!");
```

```
12: }
13:
14: // Add the main program code into the continuous loop() function
15: void loop() {
16:   M5.update();
17:
18:   if (M5.BtnA.wasReleased()) {
19:     // カウントアップ
20:     count++;
21:
22:     // ディスプレイ表示
23:     M5.Lcd.setCursor(10, 100);
24:     M5.Lcd.fillScreen(RED);
25:     M5.Lcd.setTextColor(YELLOW);
26:     M5.Lcd.setTextSize(3);
27:     M5.Lcd.printf("Count Up: %d", count);
28:   }
29:
30:   if(M5.BtnC.wasReleased()) {
31:     // カウントダウン
32:     count--;
33:
34:     // ゼロ以下にはしない
35:     if (count <= 0) count = 0;
36:
37:     // ディスプレイ表示
38:     M5.Lcd.setCursor(10, 100);
39:     M5.Lcd.fillScreen(GREEN);
40:     M5.Lcd.setTextColor(BLACK);
41:     M5.Lcd.setTextSize(3);
42:     M5.Lcd.printf("Count Down: %d", count);
43:   }
44:
45:   if(M5.BtnB.wasReleasefor(3000)) {
46:     // カウント初期化
47:     count = 0;
48:
49:     // ディスプレイ表示
50:     M5.Lcd.setCursor(10, 100);
51:     M5.Lcd.fillScreen(BLACK);
52:     M5.Lcd.setTextColor(WHITE);
```

```
53:     M5.Lcd.setTextSize(3);
54:     M5.Lcd.printf("Count Clear: %d", count);
55:   }
56: }
```

追加した処理は45〜55行目です。45行目の `M5.BtnB.wasReleasefor` で3秒間ボタンを押し続けたあとにボタンを離すと反応します。カウントを初期化する処理を入れてます。

ボタンカウント処理（M5StickC編）

ここでは、M5StickCでのボタンカウント処理について説明します。

カウントアップ、ダウン処理

M5StickCは「M5」と書かれたAボタン（ホームボタン）と右側面に付いているBボタンがあります。その2つのボタンを使ってカウント処理を実装します。

▼M5StickCでカウント処理

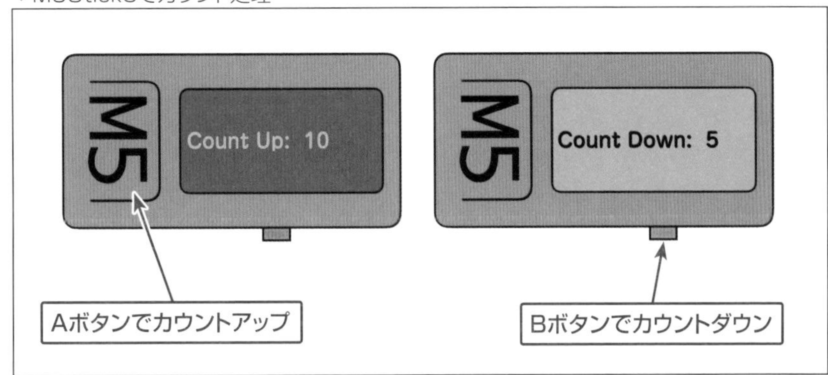

SOURCE CODE

```
 1: #include <M5StickC.h>
 2:
 3: // カウント初期化
 4: int count = 0;
 5:
 6: void setup() {
 7:   M5.begin();
 8:   M5.Lcd.setRotation(3); // 画面を横向きにする
 9:   M5.Lcd.fillScreen(BLACK);
10:   M5.Lcd.setCursor(10, 30);
11:   M5.Lcd.println("Button Click!");
12:
13: }
14:
15: void loop() {
16:   M5.update();
```

```
17:
18:     if (M5.BtnA.wasReleased()) {
19:     // カウントアップ
20:     count++;
21:
22:     // ディスプレイ表示
23:     M5.Lcd.setCursor(10, 30);
24:     M5.Lcd.fillScreen(RED);
25:     M5.Lcd.setTextColor(YELLOW);
26:     M5.Lcd.printf("Count Up: %d", count);
27:   }
28:
29:   if(M5.BtnB.wasReleased()) {
30:     // カウントダウン
31:     count--;
32:
33:     // ゼロ以下にはしない
34:     if (count <= 0) count = 0;
35:
36:     // ディスプレイ表示
37:     M5.Lcd.setCursor(10, 30);
38:     M5.Lcd.fillScreen(GREEN);
39:     M5.Lcd.setTextColor(BLACK);
40:     M5.Lcd.printf("Count Down: %d", count);
41:   }
42:
43: }
```


ほとんどM5Stackの処理と同様内容ですが、8行目にある `M5.Lcd.setRotation` で画面の回転を行っています。引数は0~3を指定することができます。

▼setRotationの値と画面向き

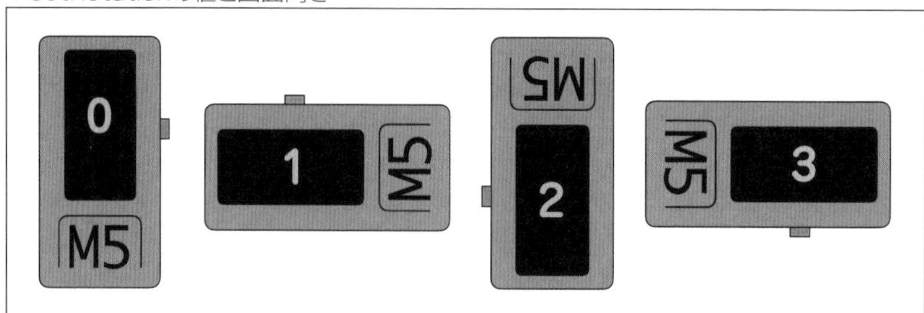

カウント初期化処理

M5StickCも同様にボタン初期化処理を実装します。M5StickCの場合は左側面にある電源ボタンを押すか、本体をシェイクするとカウントを初期化する処理にしました。加速度センサーが付いているので、揺らすことで何かしらアクションを追加するということも可能です。処理は次の通りです。

▼電源ボタンまたは本体シェイクでカウント初期化

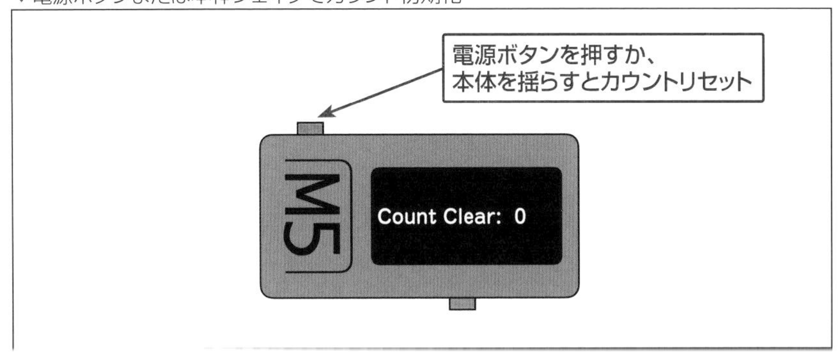
電源ボタンを押すか、
本体を揺らすとカウントリセット
M5
Count Clear: 0

SOURCE CODE

```
 1: #include <M5StickC.h>
 2:
 3: // カウント初期化
 4: int count = 0;
 5:
 6: // 加速度センサー値
 7: float accX = 0;
 8: float accY = 0;
 9: float accZ = 0;
10:
11: void setup() {
12:   M5.begin();
13:   M5.IMU.Init(); // 加速度センサー初期化
14:   M5.Lcd.setRotation(3); // 画面を横向きにする
15:   M5.Lcd.fillScreen(BLACK);
16:   M5.Lcd.setCursor(10, 30);
17:   M5.Lcd.println("Button Click!");
18:
19: }
20:
21: void loop() {
```

```
22:   M5.update();
23:
24:     if (M5.BtnA.wasReleased()) {
25:     // カウントアップ
26:     count++;
27:
28:     // ディスプレイ表示
29:     M5.Lcd.setCursor(10, 30);
30:     M5.Lcd.fillScreen(RED);
31:     M5.Lcd.setTextColor(YELLOW);
32:     M5.Lcd.printf("Count Up: %d", count);
33:   }
34:
35:   if(M5.BtnB.wasReleased()) {
36:     // カウントダウン
37:     count--;
38:
39:     // ゼロ以下にはしない
40:     if (count <= 0) count = 0;
41:
42:     // ディスプレイ表示
43:     M5.Lcd.setCursor(10, 30);
44:     M5.Lcd.fillScreen(GREEN);
45:     M5.Lcd.setTextColor(BLACK);
46:     M5.Lcd.printf("Count Down: %d", count);
47:   }
48:
49:   M5.IMU.getAccelData(&accX,&accY,&accZ);
50:   if(M5.Axp.GetBtnPress() == 2 || (accX > 1.5 || accY> 1.5 )) {
51:     // カウント初期化
52:     count = 0;
53:
54:     M5.Lcd.setCursor(10, 30);
55:     M5.Lcd.fillScreen(BLACK);
56:     M5.Lcd.setTextColor(WHITE);
57:     M5.Lcd.printf("Count Clear: %d", count);
58:   }
59:
60: }
```

13行目で加速度センサー値を初期化しています。49〜58行目を追加しています。50行目の `M5.Axp.GetBtnPress()` で電源ボタンの状態を取得できます。返ってくる値は「1」か「2」が返ります。1秒以上電源ボタンを押して離すと「1」が返ります。1秒未満電源ボタンを押して離すと「2」が返ります。今回は電源ボタンを押して離すタイプの判定にしています。

6秒以上長押しすると本体の電源が切れてしまうので、電源ボタンに機能を割り振るのはよくないかもしれませんが、こういう機能があることも認識しておきましょう。

本体の揺れ検知は49行目でセンサー値を取得して、50行目で既定値範囲以上本体が揺れたらシェイク判定をして値を初期化しています。この揺れ検知を応用して、冷蔵庫の開け閉めを検知するということにも使えます。

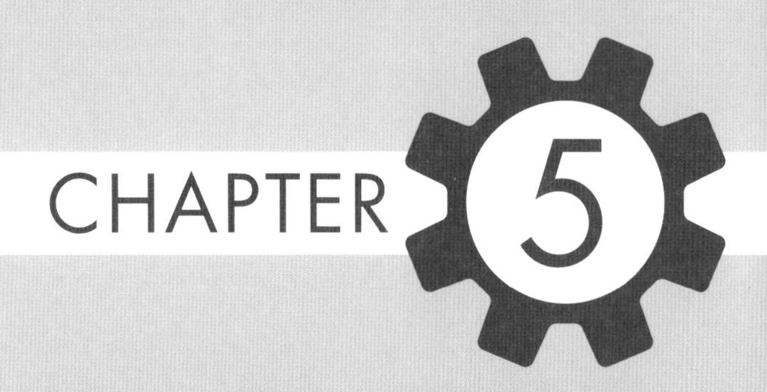

CHAPTER 5

センサーの値を取得しよう!

SECTION 11 距離センサーの値を取得する

　この章では、付属のセンサーを取り付けて、M5シリーズには付いていない機能を追加します。M5シリーズにはブレッドボードやジャンパワイヤを取り付けてセンサー値を取得できるものや、Groveセンサーで配線を気にせず取り付けるタイプのものがあります。

　今回はGroveの距離センサーを取り付けて、センサーから取得できる値を画面上に可視化してみます。

✿ 使用するセンサー

　今回使用するセンサーは「GROVE - 超音波距離センサモジュール」というものを使いました。スイッチサイエンス社で2123円(2020年4月現在)で販売されています。

　測定可能距離は3cm〜3.5mです。超音波の跳ね返りによって距離を測定しています。

URL https://www.switch-science.com/catalog/1383/

▼GROVE - 超音波距離センサモジュール

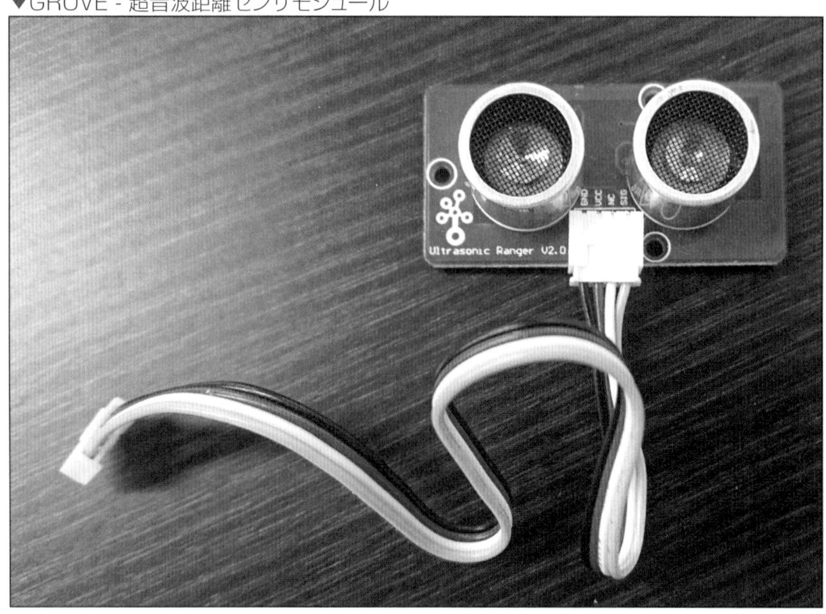

複雑な配線もなく、M5StackのGroveポートに挿すだけで使えます。かなりコンパクトに設営することが可能です。

▼取り付け例

準備

超音波距離センサーモジュールのライブラリを下記からダウンロードしてきます。

URL https://github.com/Seeed-Studio/Grove_Ultrasonic_Ranger/archive/master.zip

次にArduino IDEのメニューから[スケッチ]→[ライブラリをインクルード]→[.ZIP形式のライブラリをインストール]を選択し、ダウンロードしたファイルを選択します。

▼ライブラリのインストール

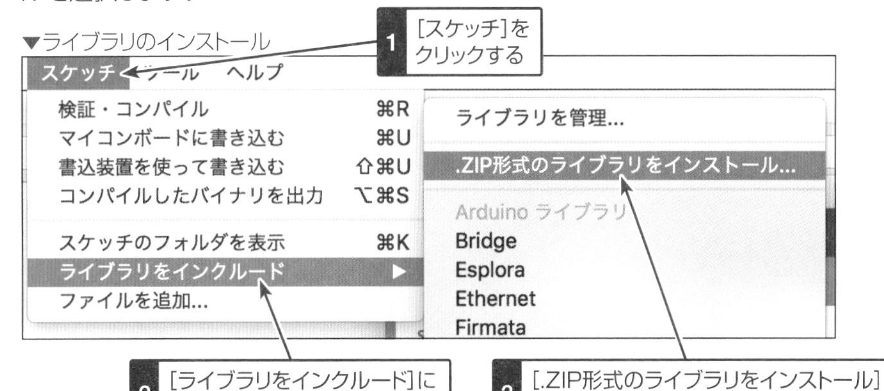

スケッチ例(M5Stack編)

センサー値を取得して画面に可視化するところを実装します。M5Stackのスケッチは下記になります。5行目でGroveポート番号22を指定して、19行目の `MeasureInCentimeters` でセンサー値を取得しています。

SOURCE CODE

```
 1: #include <M5Stack.h>
 2: #include "Ultrasonic.h"
 3:
 4: // 距離センサー22番を指定
 5: Ultrasonic ultrasonic(22);
 6:
 7: long RangeInCentimeters = 0;
 8:
 9: void setup(){
10:   // M5Stack初期化
11:   M5.begin();
12:
13: }
14:
15: // the loop routine runs over and over again forever
16: void loop() {
17:
18:     // 距離センサーから取得
19:     RangeInCentimeters = ultrasonic.MeasureInCentimeters();
20:
21:     // 画面に距離を表示
22:     M5.Lcd.setCursor(10, 70, 1);
23:     M5.Lcd.setTextSize(3);
24:     M5.Lcd.printf("%3ld cm", RangeInCentimeters);
25:
26:     delay(250);
27: }
```

▼距離センサーの値が可視化される

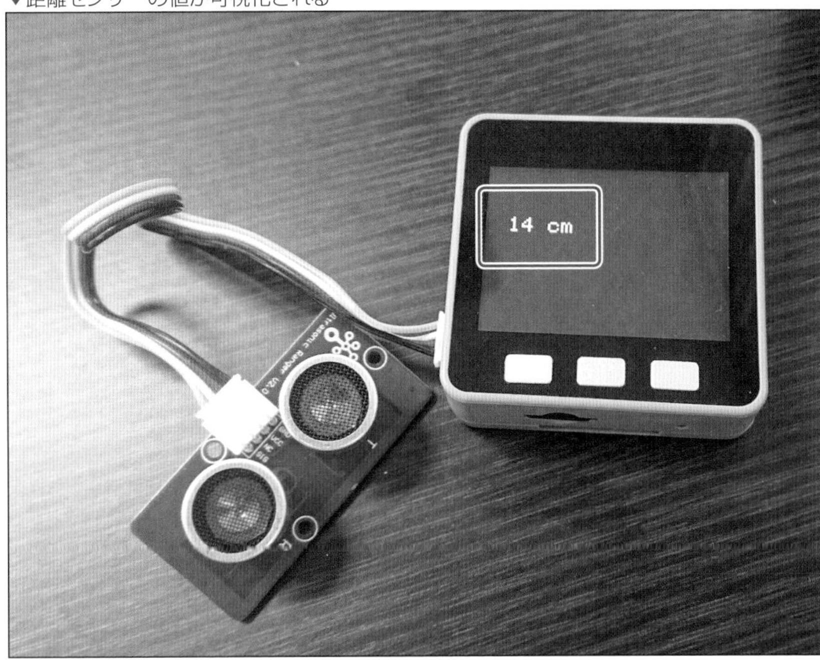

スケッチ例(M5StickC編)

今度はM5StickCで行います。コードはほとんど同じですが、M5StickC用に少し変更しています。また、ポート番号が33番に変わっているので注意してください。

SOURCE CODE

```
 1: #include <M5StickC.h>
 2: #include "Ultrasonic.h"
 3:
 4: // 距離センサー33番を指定
 5: Ultrasonic ultrasonic(33);
 6:
 7: void setup(){
 8:   // M5StickC初期化
 9:   M5.begin();
10:   M5.Lcd.setRotation(3); // 画面を横向きにする
11: }
12:
```

```
13: void loop() {
14:     long RangeInCentimeters;
15:
16:     // 距離センサーから取得
17:     RangeInCentimeters = ultrasonic.MeasureInCentimeters();
18:
19:     // 画面に距離を表示
20:     M5.Lcd.setCursor(10, 20, 1);
21:     M5.Lcd.setTextSize(2);
22:     M5.Lcd.printf("%3ld cm", RangeInCentimeters);
23:
24:     delay(250);
25: }
```


▼M5StickCで動作確認

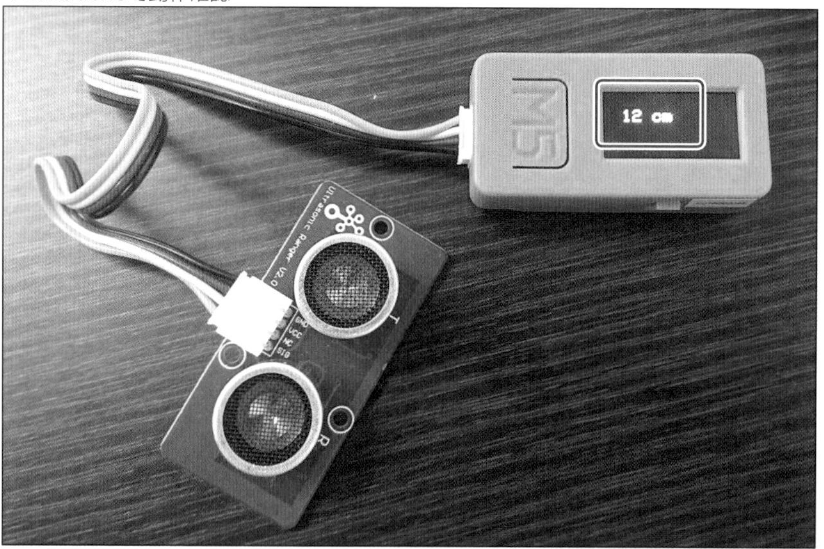

M5StickCの人感センサーの値を可視化する

M5StickCの人感センサーHATを取り付けて、センサーの値を可視化します。作成するものは、センサーが反応したら「使用中」画像が表示、4秒間時間が経過すると「空室」画像が表示される簡易トイレセンサーを作ります。

▼動作イメージ

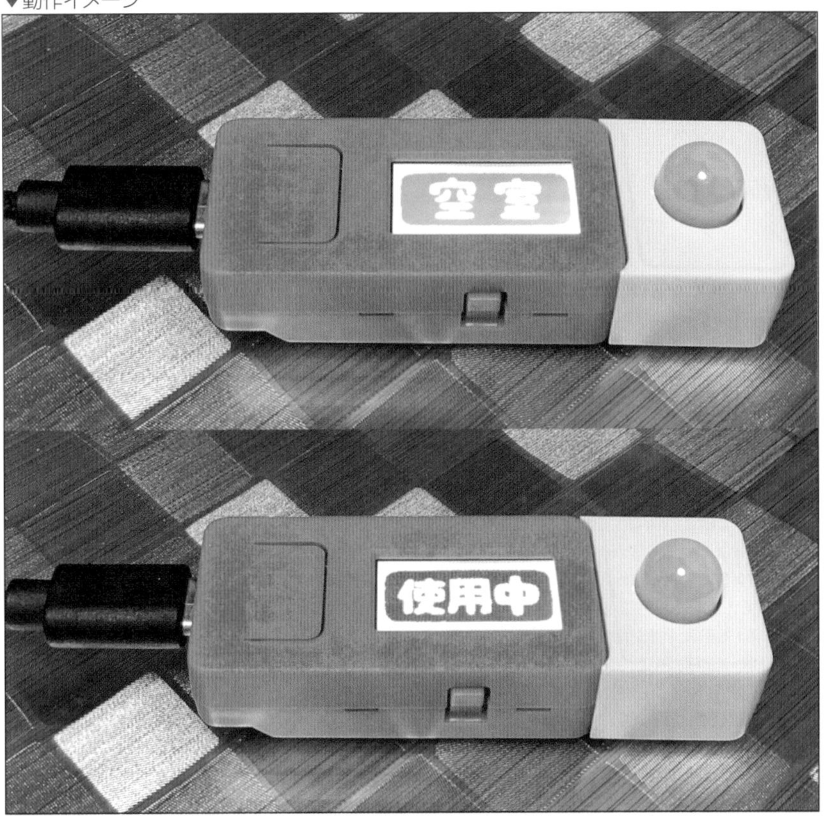

XBMファイル画像を作成する

「使用中」と「空室」の画像ですが、M5StickCではC言語の配列表現に変換したXBitMap(XBM)というものを使って表現することができます。

お好きなBMPファイルを用意してオンラインで変換してくれるサービスがあります。ただし、変換後の画像はモノクロ画像になります。

- Convert Image to XBM

  URL https://www.online-utility.org/image/convert/to/XBM

▼XBM変換サービス

Online-Utility.org
Utilities for Online Operating System

Online Utility ▾ English Language ▾ Text ▾ Math ▾ Other ▾

Convert Image to XBM

Select the Image to Convert: ファイルを選択 選択されていません

Convert and Download

About 120 input formats are supported, including:

BMP to **XBM**, BRAILLE to **XBM**, CIN to **XBM**, CIP to **XBM**, CLIP to **XBM**, CMYK to **XBM**, DCM to **XBM**, DNG to **XBM**, EPT to **XBM**, FAX to **XBM**, FITS to **XBM**, FTS to **XBM**, GIF to **XBM**, ICON to **XBM**, JPEG to **XBM**, JPG to **XBM**, JPX to **XBM**, MAT to **XBM**, MATTE to **XBM**, PCD to **XBM**, PCX to **XBM**, PDF to **XBM**, PFM to **XBM**, PGX to **XBM**, PICT to **XBM**, PNG to **XBM**, PNM to **XBM**, PS to **XBM**, PS2 to **XBM**, PS3 to **XBM**, RAW to **XBM**, RGB to **XBM**, SVG to **XBM**, TGA to **XBM**, TIFF to **XBM**, TIM to **XBM**, X to **XBM**, XCF to **XBM**, XPM to **XBM**, XPS to **XBM**, XWD to **XBM**, YCbCr to **XBM**, YUV to **XBM**

スケッチ例

ソースコードは下記から取得できます。GitHubからCloneして使ってみてください。

URL https://github.com/gaomar/m5stickc-pir-demo

XBMの内容は容量が多いため、本書には記載しておりません。
今回使用したスケッチは下記の通りです。

SOURCE CODE

```
 1: #include "xbm_open.h"
 2: #include "xbm_close.h"
 3: #include <M5StickC.h>
 4:
 5: void setup() {
 6:
 7:   M5.begin();
 8:   pinMode(36,INPUT_PULLUP);      // 36番ピン初期化
 9:
10:   M5.Lcd.fillScreen(TFT_WHITE); // Black screen fill
11:   M5.Lcd.drawXBitmap(M5.Lcd.width()/2  - logoWidth/2, 0, openlogo,
   logoWidth, logoHeight, TFT_GREEN);
12:
13: }
14:
15: void loop() {
16:   if(digitalRead(36) == 1){
17:     // 使用中
18:     M5.Lcd.fillScreen(TFT_WHITE);
19:     M5.Lcd.drawXBitmap(M5.Lcd.width()/2  - logoWidth/2, 0, closelogo,
   logoWidth, logoHeight, TFT_RED);
20:     delay(4000);
21:     M5.Lcd.fillScreen(TFT_WHITE);
22:   } else {
23:     // 空室
24:     M5.Lcd.drawXBitmap(M5.Lcd.width()/2  - logoWidth/2, 0, openlogo,
   logoWidth, logoHeight, TFT_GREEN);
25:   }
26: }
```

人感センサーの初期化を行って、16行目にある `digitalRead` の36番の値が「1」だったら19行目の `drawXBitmap` のメソッドを使って「使用中」画像に切り替えています。表示するX座標、Y座標、画像データ、画像幅、画像高さ、色を指定するメソッドです。

これでセンサーに手をかざすと「使用中」画像に切り替わり、4秒後に「空室」画像に切り替わります。

今回の使い方以外にもさまざまな用途が考えられるので、面白いものをぜひ作ってみてください。

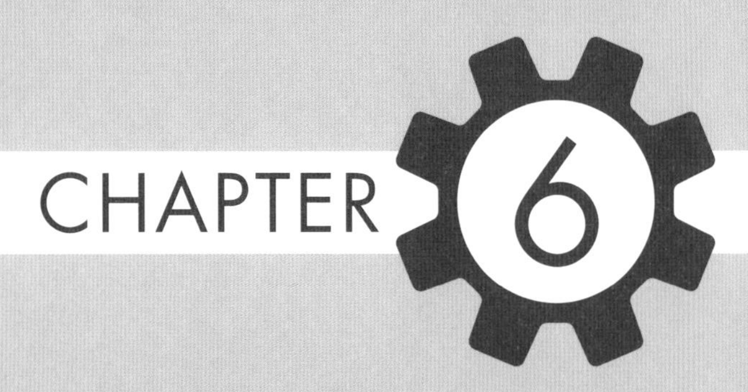

データをクラウドに送信しよう!

Wi-Fi接続について

M5シリーズはネットワークに接続できるIoT機器としてとても強力なデバイスです。この章では、Wi-Fiに接続して各種クラウドサービスにデータを保存するやり方を解説します。

ベースとなるのは、CHAPTER-4で作成したカウントアップさせるプログラムです。操作したカウント値をクラウドに送信しましょう。M5シリーズのWi-Fi有効化はとても簡単です。接続したいWi-FiのSSIDとパスワードを設定するだけで、すぐにインターネットの世界につながります。

Wi-Fiに接続してIPアドレスを表示する

カウントアッププログラムを作成する前に、Wi-Fiに接続できるかどうか確認してみましょう。接続確認のためアクセスしているWi-FiのIPアドレスを画面に表示してみます。

◆M5Stackで確認する

まずはM5Stackで確認してみましょう。下記のスケッチをM5Stackに適用してください。5〜6行目にあるWi-FiのSSIDとパスワードはご自身の環境に合わせてください。

SOURCE CODE

```
 1: #include <M5Stack.h>
 2: #include <WiFi.h>
 3:
 4: #define WIFI_SSID "SSIDを入力してください"
 5: #define WIFI_PASSWORD "パスワードを入力してください"
 6:
 7: void setup() {
 8:   M5.begin();
 9:
10:   // Wi-Fi接続
11:   WiFi.begin(WIFI_SSID, WIFI_PASSWORD);
12:   Serial.print("connecting");
13:   while (WiFi.status() != WL_CONNECTED) {
14:     Serial.print(".");
```

```
15:     delay(500);
16:   }
17:   Serial.println();
18: 
19:   // WiFi Connected
20:   Serial.println("\nWiFi Connected.");
21:   Serial.println(WiFi.localIP());
22:   M5.Lcd.setTextSize(3);
23:   M5.Lcd.println("WiFi Connected:");
24:   M5.Lcd.println(WiFi.localIP());
25:   M5.Lcd.println("");
26: 
27: }
28: 
29: void loop() {
30: 
31: }
```

次のようにIPアドレスが表示されるとWi-Fiに接続されています。

▼接続しているWi-FiのIPアドレスの表示(M5Stack)

◆ M5StickCで確認する

続いてM5StickCで確認してみましょう。ほとんど先ほどのM5Stackと同様です。下記のスケッチをM5StickCに適用してください。4〜5行目にあるWi-FiのSSIDとパスワードはご自身の環境に合わせてください。

SOURCE CODE

```
 1: #include <M5StickC.h>
 2: #include <WiFi.h>
 3:
 4: #define WIFI_SSID "SSIDを入力してください"
 5: #define WIFI_PASSWORD "パスワードを入力してください"
 6:
 7: void setup() {
 8:   M5.begin();             // M5StickC初期化
 9:   M5.Lcd.setRotation(3); // 画面を横向きにする
10:
11:   // Wi-Fi接続
12:   WiFi.begin(WIFI_SSID, WIFI_PASSWORD);
13:   Serial.print("connecting");
14:   while (WiFi.status() != WL_CONNECTED) {
15:     Serial.print(".");
16:     delay(500);
17:   }
18:   Serial.println();
19:
20:   // WiFi Connected
21:   Serial.println("\nWiFi Connected.");
22:   Serial.println(WiFi.localIP());
23:   M5.Lcd.setTextSize(2);
24:   M5.Lcd.println("WiFi OK!");
25:   M5.Lcd.println(WiFi.localIP());
26:   M5.Lcd.println("");
27:
28: }
29:
30: void loop() {
31:
32: }
```

▼接続しているWi-FiのIPアドレスの表示（M5StickC）

スプレッドシートに送信する

カウント値をクラウドに送信しますが、その前にスプレッドシートの設定を行います。Google Apps Script(GAS)を使ってGoogleスプレッドシートと連携をします。

スプレッドシートを新規作成する

データをアップロードするためのスプレッドシートを作成します。下記のURLにアクセスしてください。

URL https://sheets.google.com/create

上記にアクセスしたら、スプレッドシート名とヘッダー名を下記のように入力してください。

▼スプレッドシート名とヘッダー名の入力

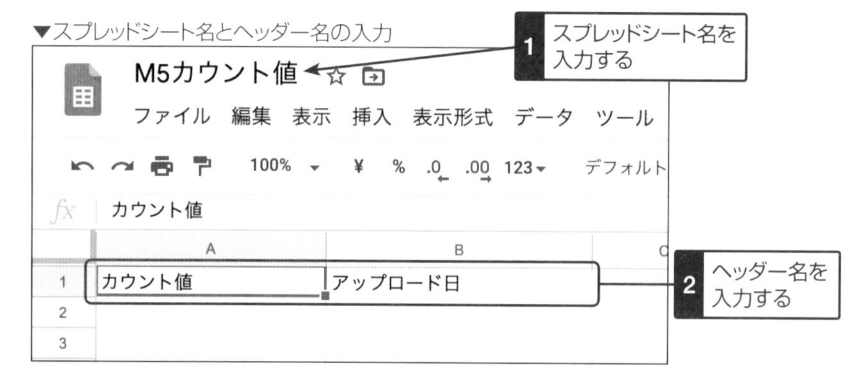

スクリプトを記述する

次にスクリプトを記述します。メニューから[ツール]→[スクリプトエディタ]を選択します。

▼スクリプトエディタの表示

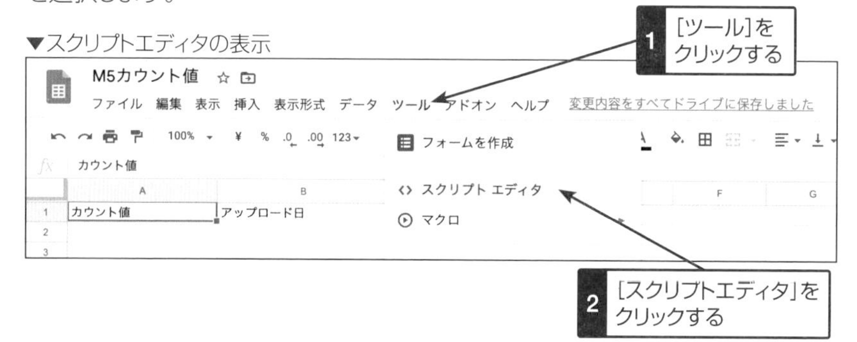

すでに書かれているコードは削除して、下記のコードを記載してください。

SOURCE CODE

```
 1: function setCount(sheet, val) {
 2:   sheet.insertRows(2,1);
 3:   sheet.getRange(2, 1).setValue(val);
 4:   sheet.getRange(2, 2).setValue(new Date());
 5: 
 6: }
 7: 
 8: function doPost(e) {
 9:   var sheet = SpreadsheetApp.getActiveSpreadsheet().getSheetByName
    ('シート1');
10:   var params = JSON.parse(e.postData.getDataAsString());
11:   var val = params.count;
12: 
13:   // データ追加
14:   setCount(sheet, val);
15: 
16:   var output = ContentService.createTextOutput();
17:   output.setMimeType(ContentService.MimeType.JSON);
18:   output.setContent(JSON.stringify({ message: "success!" }));
19: 
20:   return output;
21: }
```

2行目でスプレッドシートに1行追加して、3行目にカウント値を設定、4行目で日付を設定しています。10行目にある `getDataAsString` でM5Stackから送られてくるデータを取得しています。

▼コードの記載

無題のプロジェクト

ファイル 編集 表示 実行 公開 リソース ヘルプ

コード.gs

```
function setCount(sheet, val) {
  sheet.insertRows(2,1);
  sheet.getRange(2, 1).setValue(val);
  sheet.getRange(2, 2).setValue(new Date());

}

function doPost(e) {
  var sheet = SpreadsheetApp.getActiveSpreadsheet().getSheetByName('シート1');
  var params = JSON.parse(e.postData.getDataAsString());
  var val = params.count;

  // データ追加
  setCount(sheet, val);

  var output = ContentService.createTextOutput();
  output.setMimeType(ContentService.MimeType.JSON);
  output.setContent(JSON.stringify({ message: "success!" }));

  return output;
}
```

1 コードを入力する

✿ スクリプトを公開する

作成したスクリプトを公開します。メニューから[公開]→[ウェブアプリケーションとして導入]を選択します。

▼[ウェブアプリケーションとして導入]の選択

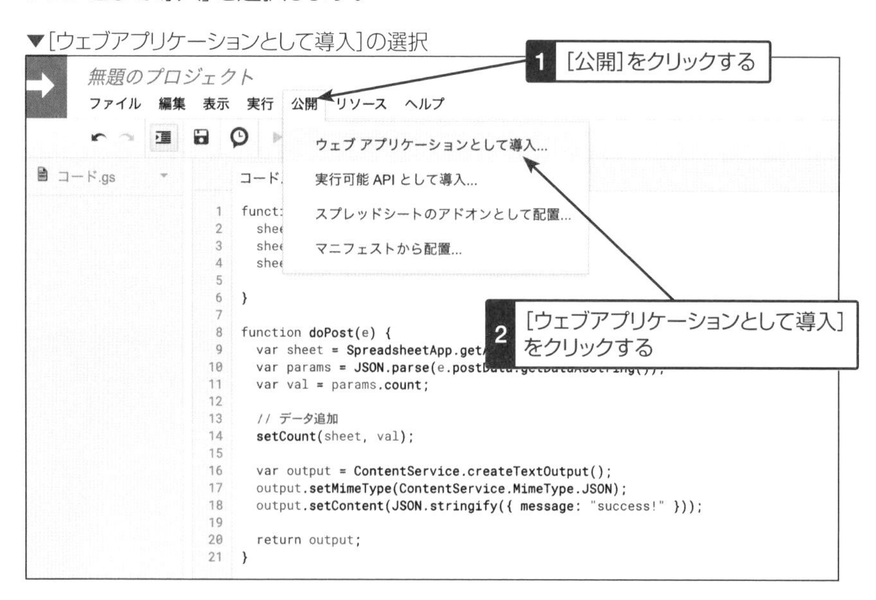

プロジェクト名は「M5カウント値」と入力します。入力したら[OK]ボタンをクリックします。

▼プロジェクト名の設定

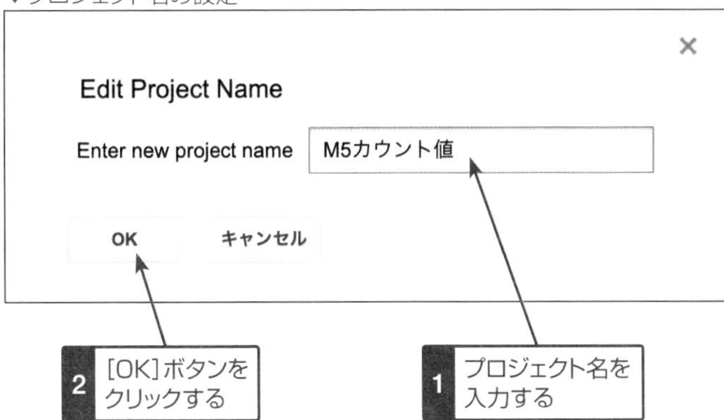

アクセス対象者として「Anyone, even anonymous」を選択し、[Deploy]ボタンをクリックします。「Anyone, even anonymous」を選択すると誰でもアクセス可能になります。

▼アクセス対象者を設定してDeployする

[許可を確認]ボタンをクリックします。

▼許可の確認

アクセスさせるGoogleアカウントを選択します。

▼Googleアカウントの選択

「詳細を表示」をクリックして、「M5カウント(安全ではないページ)に移動」をクリックします(「詳細を表示」をクリックすると「詳細を非表示」に表示が変わります)。

▼「M5カウント(安全ではないページ)に移動」をクリック

このアプリは確認されていません
このアプリは、Google による確認が済んでいません。よく知っている信頼できるデベロッパーの場合に限り続行してください。

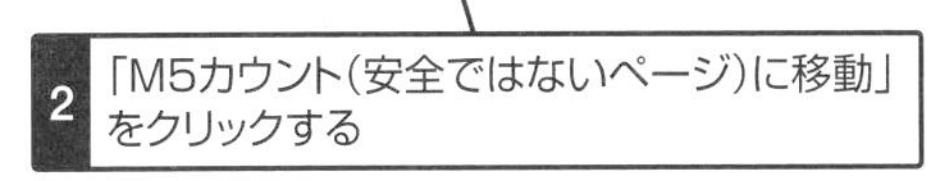

[許可]ボタンをクリックします。

▼Googleアカウントへのアクセスの許可

M5カウント値 が Google アカウントへのアクセスをリクエストしています

@gmail.com

M5カウント値 に以下を許可します:

- Google ドライブのスプレッドシートの表示、編集、作成、削除

M5カウント値 を信頼できることを確認

機密情報をこのサイトやアプリと共有する場合があります。 M5カウント値の利用規約とプライバシー ポリシーで、ユーザーのデータがどのように取り扱われるかをご確認ください。 アクセス権の確認、削除は、Google アカウントでいつでも行えます。

リスクの詳細

キャンセル　許可

1 [許可]ボタンをクリックする

デプロイされたURLをメモしておきます。

▼URLをメモする

ライブラリをインストールする

クラウドサービスにWebhookでPostするために必要なライブラリをインストールします。今回使用するのはJsonを簡単に扱うことができる、Arduino Jsonというライブラリです。

Arduino IDEのメニューから[スケッチ]→[ライブラリをインクルード]→[ライブラリを管理]を選択します。

▼ライブラリマネージャの表示

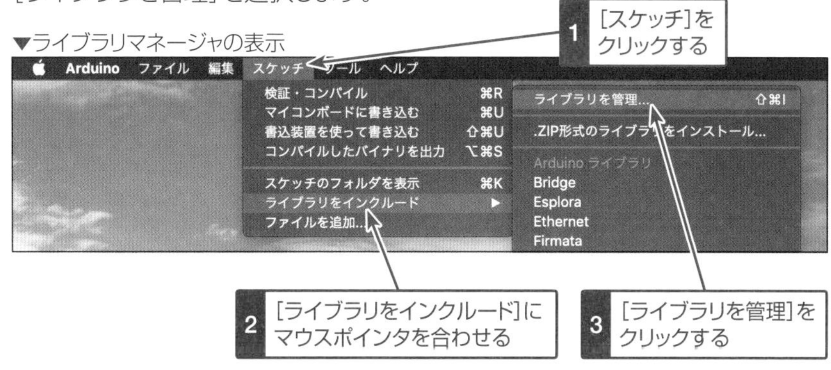

検索窓から「ArduinoJson」と入力して、ライブラリをインストールします。

▼ArduinoJsonのインストール

スケッチ例（M5Stack）

M5Stackのスケッチ例です。CHAPTER-4で作成したときとは異なり、Aボタンでカウントアップ、Cボタンでカウントダウンします。値の送信はBボタンで行います。送信が完了したら、「Send Done!」という表示に切り替わります。6～7行目にあるSSID、Wi-Fiのパスワード、10行目にあるスプレッドシートのURLはご自身の環境に合わせてください。

SOURCE CODE

```
 1: #include <M5Stack.h>
 2: #include <HTTPClient.h>
 3: #include <WiFi.h>
 4: #include <ArduinoJson.h>
 5:
 6: #define WIFI_SSID "SSIDを入力してください"
 7: #define WIFI_PASSWORD "パスワードを入力してください"
 8:
 9: // スプレッドシートURL
10: const char *host = "スプレッドシートのURLを貼り付ける";
11:
12: // Json設定
13: StaticJsonDocument<255> json_request;
14: char buffer[255];
15:
16: // カウント初期化
17: int count = 0;
18:
19: void setup() {
20:   M5.begin();
21:
22:   // Wi-Fi接続
23:   WiFi.begin(WIFI_SSID, WIFI_PASSWORD);
24:   Serial.print("connecting");
25:   while (WiFi.status() != WL_CONNECTED) {
26:     Serial.print(".");
27:     delay(500);
28:   }
29:   Serial.println();
30:
31:   // WiFi Connected
32:   Serial.println("\nWiFi Connected.");
```

```
33:   Serial.println(WiFi.localIP());
34:   M5.Lcd.setTextSize(3);
35:   M5.Lcd.setCursor(10, 100);
36:   M5.Lcd.println("Button Click!");
37:
38:
39: }
40:
41: // カウント値送信
42: void sendCount() {
43:   json_request["count"] = count;
44:   serializeJson(json_request, buffer, sizeof(buffer));
45:
46:   HTTPClient http;
47:   http.begin(host);
48:   http.addHeader("Content-Type", "application/json");
49:   int status_code = http.POST((uint8_t*)buffer, strlen(buffer));
50:   Serial.println(status_code);
51:   if (status_code > 0) {
52:       if (status_code == HTTP_CODE_FOUND) {
53:         String payload = http.getString();
54:         Serial.println(payload);
55:
56:         M5.Lcd.setCursor(10, 100);
57:         M5.Lcd.fillScreen(BLACK);
58:         M5.Lcd.setTextColor(WHITE);
59:         M5.Lcd.setTextSize(3);
60:         M5.Lcd.println("Send Done!");
61:       }
62:   } else {
63:       Serial.printf("[HTTP] GET... failed, error: %s\n",
  http.errorToString(status_code).c_str());
64:   }
65:   http.end();
66: }
67:
68: void loop() {
69:   M5.update();
70:
71:   if (M5.BtnA.wasReleased()) {
72:     // カウントアップ
```

```
 73:     count++;
 74:
 75:     // ディスプレイ表示
 76:     M5.Lcd.setCursor(10, 100);
 77:     M5.Lcd.fillScreen(RED);
 78:     M5.Lcd.setTextColor(YELLOW);
 79:     M5.Lcd.setTextSize(3);
 80:     M5.Lcd.printf("Count Up: %d", count);
 81:   }
 82:
 83:   if(M5.BtnC.wasReleased()) {
 84:     // カウントダウン
 85:     count--;
 86:
 87:     // ゼロ以下にはしない
 88:     if (count <= 0) count = 0;
 89:
 90:     // ディスプレイ表示
 91:     M5.Lcd.setCursor(10, 100);
 92:     M5.Lcd.fillScreen(GREEN);
 93:     M5.Lcd.setTextColor(BLACK);
 94:     M5.Lcd.setTextSize(3);
 95:     M5.Lcd.printf("Count Down: %d", count);
 96:   }
 97:
 98:   if(M5.BtnB.wasReleased()) {
 99:     // ディスプレイ表示
100:     M5.Lcd.setCursor(10, 100);
101:     M5.Lcd.fillScreen(BLUE);
102:     M5.Lcd.setTextColor(WHITE);
103:     M5.Lcd.setTextSize(3);
104:     M5.Lcd.printf("Count Send: %d", count);
105:
106:     // カウント送信
107:     sendCount();
108:
109:   }
110: }
```

▼Bボタンで送信する

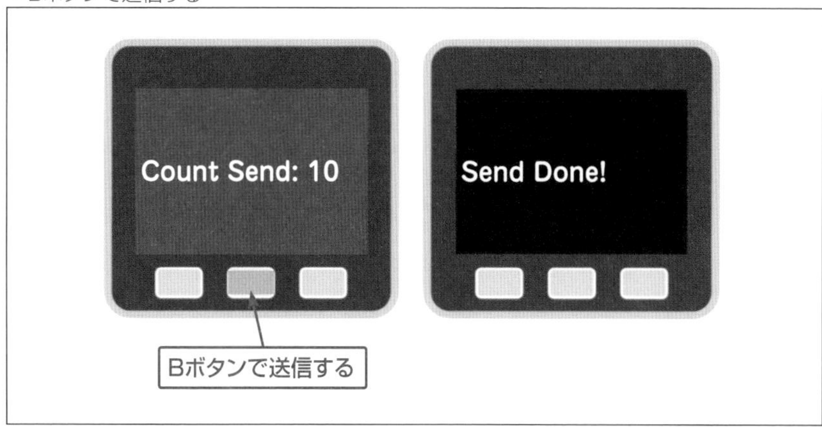

送信が成功するとスプレッドシートに自動的に行が追加され、常に最新の値が1行目に表示されます。

▼スプレッドシートに反映される

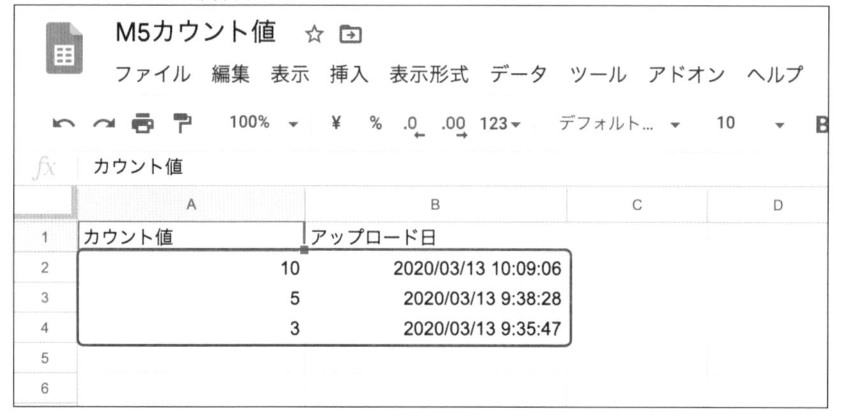

アップロード日が日付しか表示されないことがありますが、表示書式を「日時」に切り替えると時間まで表示されるようになるので、試してみましょう。

▼表示形式を日時に変える

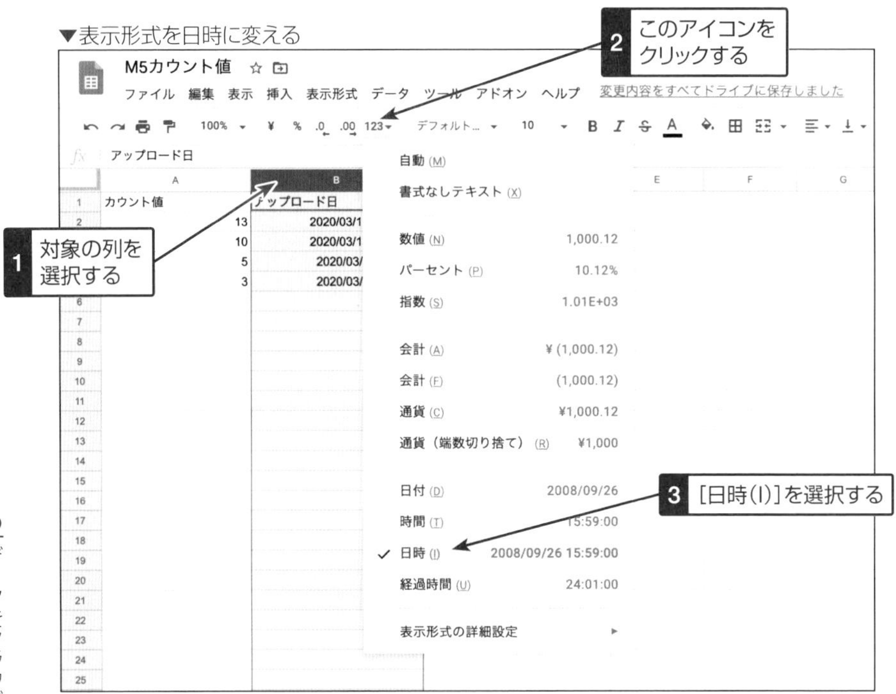

スケッチ例(M5StickC)

M5StickCでの実装例です。ここから読み始めた方は、89ページと同様にしてArduinoJsonライブラリを入れておいてください。Aボタン(ホームボタン)でカウントアップ、Bボタンでカウントダウンします。Aボタン(ホームボタン)を2秒間押し続けてから離すと、今のカウント値をスプレッドシートに送信します。

SOURCE CODE

```
 1: #include <M5StickC.h>
 2: #include <HTTPClient.h>
 3: #include <WiFi.h>
 4: #include <ArduinoJson.h>
 5:
 6: #define WIFI_SSID "SSIDを入力してください"
 7: #define WIFI_PASSWORD "パスワードを入力してください"
 8:
 9: // スプレッドシートURL
10: const char *host = "スプレッドシートのURLを貼り付ける";
```

```
11:
12: // Json設定
13: StaticJsonDocument<255> json_request;
14: char buffer[255];
15:
16: // カウント初期化
17: int count = 0;
18:
19: void setup() {
20:   M5.begin();
21:
22:   // Wi-Fi接続
23:   WiFi.begin(WIFI_SSID, WIFI_PASSWORD);
24:   Serial.print("connecting");
25:   while (WiFi.status() != WL_CONNECTED) {
26:     Serial.print(".");
27:     delay(500);
28:   }
29:   Serial.println();
30:
31:   // WiFi Connected
32:   Serial.println("\nWiFi Connected.");
33:   Serial.println(WiFi.localIP());
34:   M5.Lcd.setRotation(3); // 画面を横向きにする
35:   M5.Lcd.fillScreen(BLACK);
36:   M5.Lcd.setCursor(10, 30);
37:   M5.Lcd.println("Button Click!");
38: }
39:
40: // カウント値送信
41: void sendCount() {
42:   json_request["count"] = count;
43:   serializeJson(json_request, buffer, sizeof(buffer));
44:
45:   HTTPClient http;
46:   http.begin(host);
47:   http.addHeader("Content-Type", "application/json");
48:   int status_code = http.POST((uint8_t*)buffer, strlen(buffer));
49:   Serial.println(status_code);
50:   if (status_code > 0) {
51:       if (status_code == HTTP_CODE_FOUND) {
```

```
52:         String payload = http.getString();
53:         Serial.println(payload);
54:
55:         M5.Lcd.setCursor(10, 30);
56:         M5.Lcd.fillScreen(BLACK);
57:         M5.Lcd.setTextColor(WHITE);
58:         M5.Lcd.println("Send Done!");
59:       }
60:   } else {
61:       Serial.printf("[HTTP] GET... failed, error: %s\n",
   http.errorToString(status_code).c_str());
62:   }
63:   http.end();
64: }
65:
66: void loop() {
67:   M5.update();
68:
69:   if (M5.BtnA.wasReleased()) {
70:     // カウントアップ
71:     count++;
72:
73:     // ディスプレイ表示
74:     M5.Lcd.setCursor(10, 30);
75:     M5.Lcd.fillScreen(RED);
76:     M5.Lcd.setTextColor(YELLOW);
77:     M5.Lcd.printf("Count Up: %d", count);
78:   }
79:
80:   if(M5.BtnB.wasReleased()) {
81:     // カウントダウン
82:     count--;
83:
84:     // ゼロ以下にはしない
85:     if (count <= 0) count = 0;
86:
87:     // ディスプレイ表示
88:     M5.Lcd.setCursor(10, 30);
89:     M5.Lcd.fillScreen(GREEN);
90:     M5.Lcd.setTextColor(BLACK);
91:     M5.Lcd.printf("Count Down: %d", count);
```

```
 92:   }
 93:
 94:   // 2秒押し続けて離すと送信
 95:   if(M5.BtnA.wasReleasefor(2000)) {
 96:     // ディスプレイ表示
 97:     M5.Lcd.setCursor(10, 30);
 98:     M5.Lcd.fillScreen(BLUE);
 99:     M5.Lcd.setTextColor(WHITE);
100:     M5.Lcd.printf("Count Send: %d", count);
101:
102:     // カウント送信
103:     sendCount();
104:   }
105: }
```

▼Aボタン(ホームボタン)を2秒間押して離す

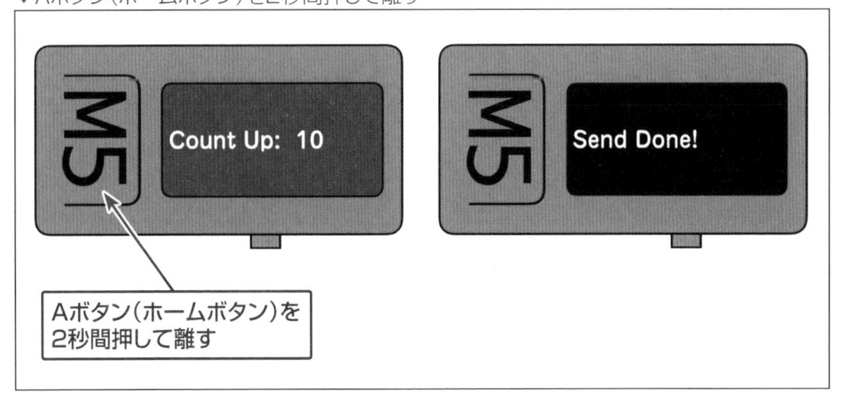

簡単にスプレッドシートに値を送信することができました。次は別のクラウドサービスを使って同じように送信処理をします。

Firebaseに送信する

Googleがサービスを運営しているFirebaseというものを使って、カウント値を送信してみましょう。FirebaseのRealtime Databaseという機能を使えば、リアルタイムで値のやり取りをすることができます。

今回はM5StackとM5StickCをFirebaseでカウント値の受け渡しをしてみます。まずは、Firebaseのプロジェクトを作成して、格納先の準備を行います。

Firebaseのプロジェクトを作成する

下記にアクセスしてプロジェクトを作成してください。

URL https://console.firebase.google.com/?hl=ja

「プロジェクトを追加」をクリックして、新規プロジェクトを作成します。

▼プロジェクトの新規作成

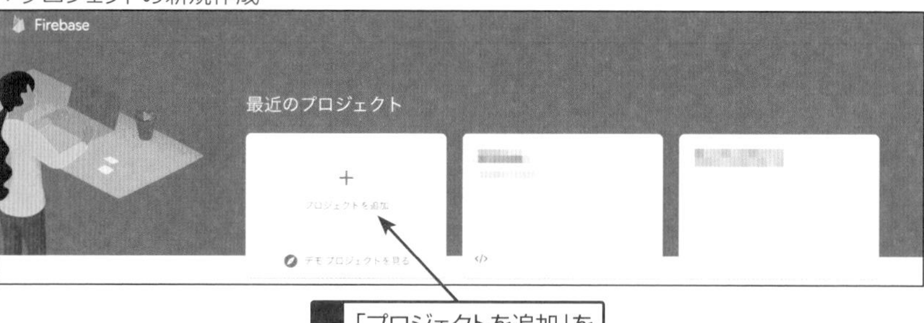

1 「プロジェクトを追加」をクリックする

プロジェクト名は「M5Data」と入力して、[続行]ボタンをクリックします。

▼プロジェクト名の入力

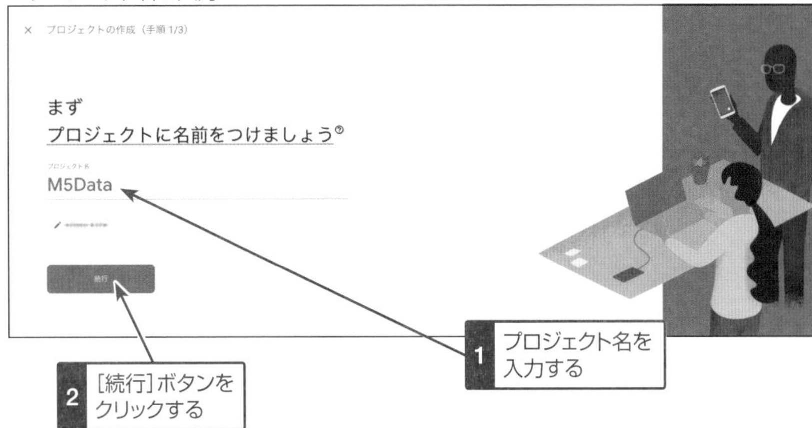

次の画面では[続行]ボタンをクリックします。

▼[続行ボタン]のクリック

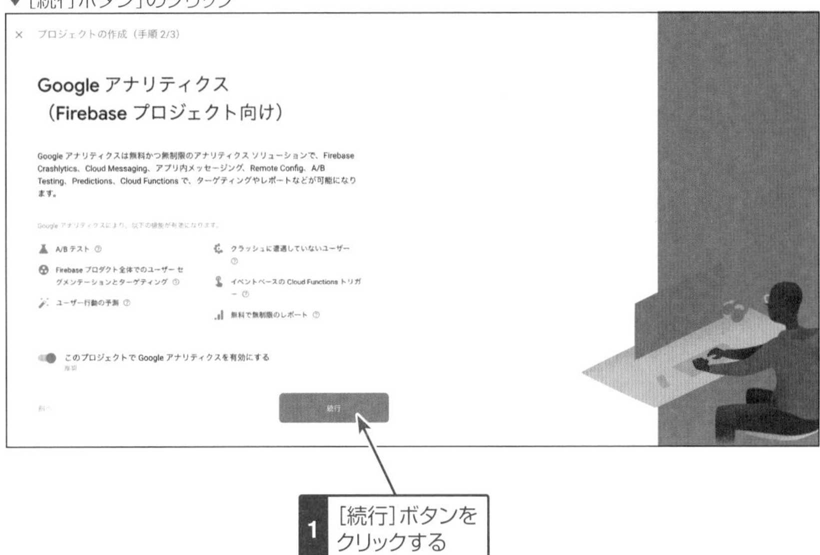

［アナリティクスの地域］は「日本」を選択して、［データ共有の設定とGoogleアナリティクスの利用規約］はすべてをONにし、［プロジェクトを作成］ボタンをクリックします。

▼プロジェクトの作成

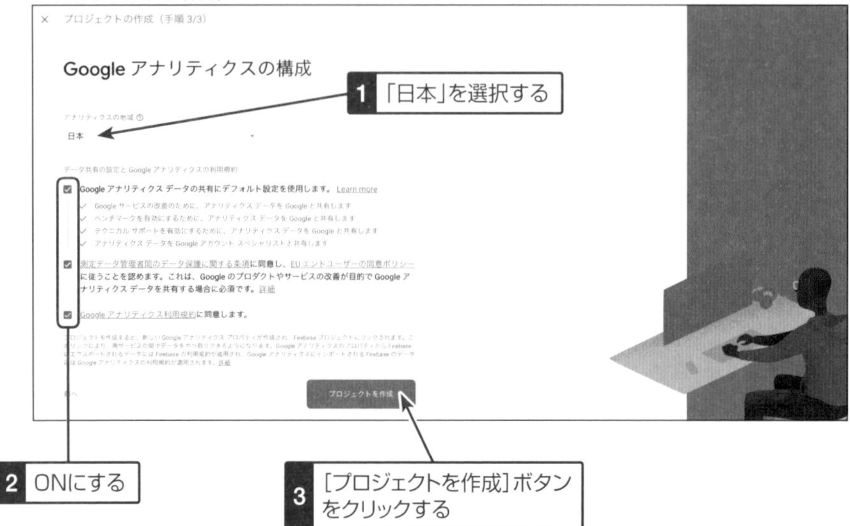

プロジェクトが作成できたら、［続行］ボタンをクリックします。

▼［続行］ボタンをクリック

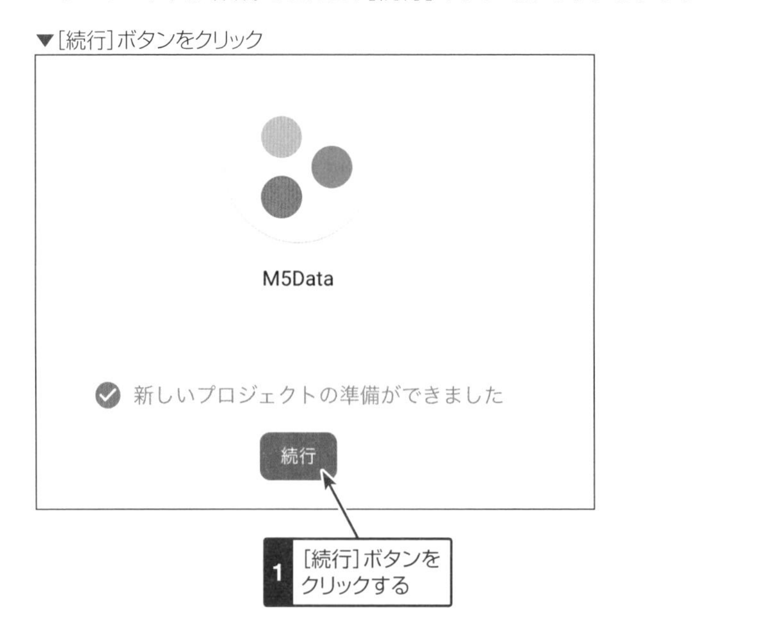

✿ Realtime Databaseを作成する

M5StackやM5StickCから送られてくるデータを格納するデータベースを作成します。左側メニューから「Database」をクリックします。下の方にスクロールすると、Realtime Databaseのカテゴリがあるので、[データベースを作成]ボタンをクリックします。

▼データベースの作成

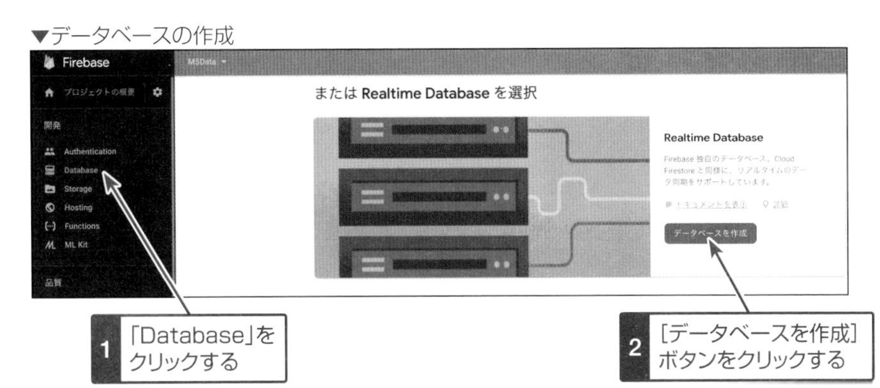

表示されるポップアップは[テストモードで開始]をONにして[有効にする]ボタンをクリックします。

▼テストモードの選択

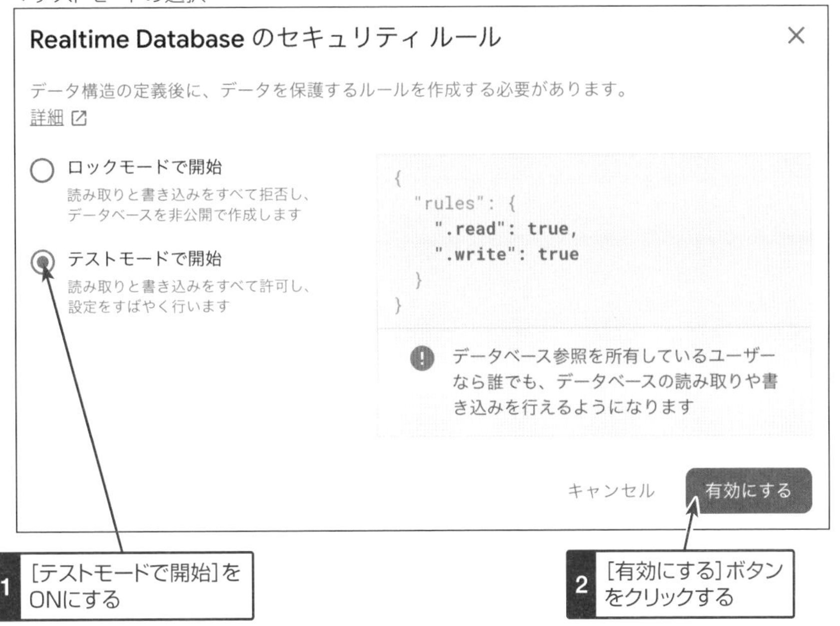

作成されたデータベースのプロジェクトIDをメモしておいてください。

▼プロジェクトIDをメモする

ライブラリをインストールする

下記のURLからFirebaseと連携するためのライブラリをダウンロードします。[Clone or download]ボタンをクリックして表示される[Download ZIP]ボタンをクリックしてファイルをダウンロードしてください。

URL https://github.com/ioxhop/IOXhop_FirebaseESP32

▼zipファイルのダウンロード

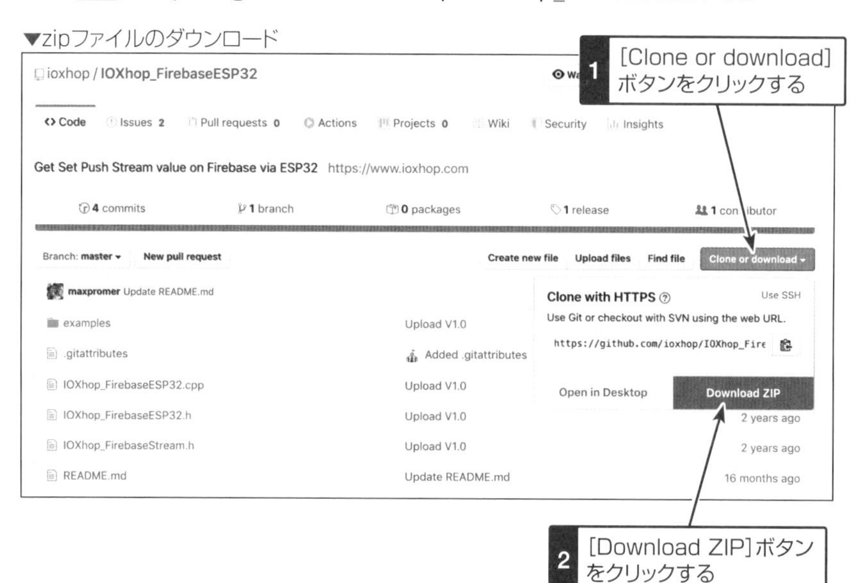

ダウンロードしたzipファイルをArduino IDEに適用します。メニューから[スケッチ]→[ライブラリをインクルード]→[.ZIP形式のライブラリをインストール]を選択します。指定するファイルは先ほどダウンロードしたzipファイルを指定します。

▼.ZIP形式のライブラリのインストール

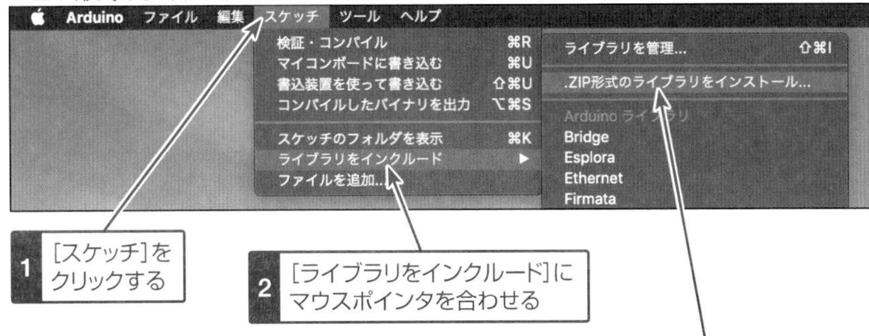

ArduinoJsonライブラリをダウングレードする

IOXhop_FirebaseESP32ライブラリでは、ArduinoJsonライブラリバージョン6系に対応していません。そのため、ArduinoJsonライブラリをバージョン5系にダウングレードする必要があります。

まず、Arduino IDEのメニューから[スケッチ]→[ライブラリをインクルード]→[ライブラリを管理]を選択します。

▼ライブラリマネージャの表示

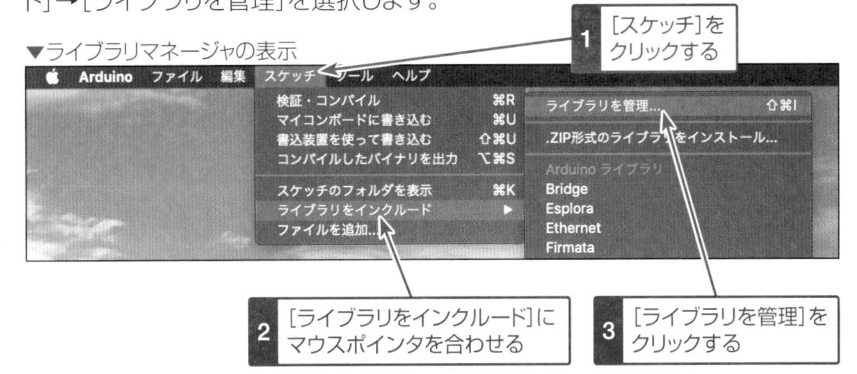

検索窓から「arduinoJson」と入力し、をプルダウンメニューから「バージョン5.13.5」を選択して［インストール］ボタンをクリックしてください。

▼バージョン5.13.5にダウングレードする

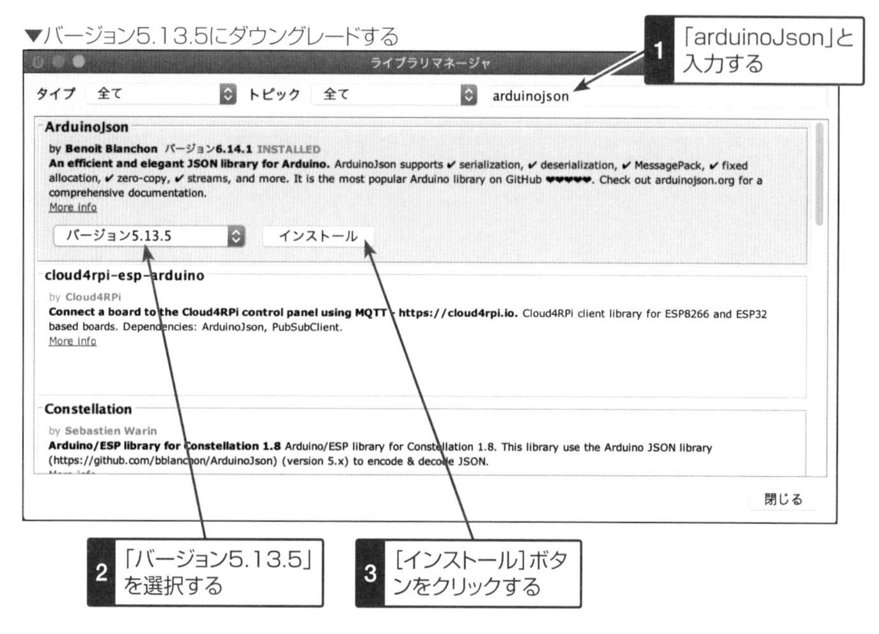

スケッチ例（M5Stack）

カウント値のものを流用させてFirebaseのRealtime Databaseにカウント値を送信します。

7〜8行目にあるSSID、パスワード、11行目にある `FIREBASE_DATABASE_URL` のURLはご自身の環境に合わせてください。先頭に `https://` は付けないように気を付けてください。29行目の `Firebase.begin` でFirebaseの初期化を行っています。カウント値の送信は78行目の `Firebase.setInt` で行っています。

SOURCE CODE

```
1: #include <ArduinoJson.h>
2: #include <IOXhop_FirebaseStream.h>
3: #include <IOXhop_FirebaseESP32.h>
4: #include <M5Stack.h>
5: #include <WiFi.h>
6:
7: #define WIFI_SSID "SSIDを入力してください"
```

```
 8: #define WIFI_PASSWORD "パスワードを入力してください"
 9:
10: // FirebaseのデータベースURL(ご自身のデータベースURLに変更してください)
11: #define FIREBASE_DATABASE_URL "データベースURLを変更してください.fire
    baseio.com"
12:
13: // カウント初期化
14: int count = 0;
15:
16: void setup() {
17:   M5.begin();
18:
19:   // Wi-Fi接続
20:   WiFi.begin(WIFI_SSID, WIFI_PASSWORD);
21:   Serial.print("connecting");
22:   while (WiFi.status() != WL_CONNECTED) {
23:     Serial.print(".");
24:     delay(500);
25:   }
26:   Serial.println();
27:
28:   // Firebase初期化
29:   Firebase.begin(FIREBASE_DATABASE_URL);
30:
31:   // WiFi Connected
32:   Serial.println("\nWiFi Connected.");
33:   Serial.println(WiFi.localIP());
34:   M5.Lcd.setTextSize(3);
35:   M5.Lcd.setCursor(10, 100);
36:   M5.Lcd.println("Button Click!");
37: }
38:
39: void loop() {
40:   M5.update();
41:
42:   if (M5.BtnA.wasReleased()) {
43:     // カウントアップ
44:     count++;
45:
46:     // ディスプレイ表示
47:     M5.Lcd.setCursor(10, 100);
```

```
48:      M5.Lcd.fillScreen(RED);
49:      M5.Lcd.setTextColor(YELLOW);
50:      M5.Lcd.setTextSize(3);
51:      M5.Lcd.printf("Count Up: %d", count);
52:    }
53:
54:    if(M5.BtnC.wasReleased()) {
55:      // カウントダウン
56:      count--;
57:
58:      // ゼロ以下にはしない
59:      if (count <= 0) count = 0;
60:
61:      // ディスプレイ表示
62:      M5.Lcd.setCursor(10, 100);
63:      M5.Lcd.fillScreen(GREEN);
64:      M5.Lcd.setTextColor(BLACK);
65:      M5.Lcd.setTextSize(3);
66:      M5.Lcd.printf("Count Down: %d", count);
67:    }
68:
69:    if(M5.BtnB.wasReleased()) {
70:      // ディスプレイ表示
71:      M5.Lcd.setCursor(10, 100);
72:      M5.Lcd.fillScreen(BLUE);
73:      M5.Lcd.setTextColor(WHITE);
74:      M5.Lcd.setTextSize(3);
75:      M5.Lcd.printf("Count Send: %d", count);
76:
77:      // カウント送信
78:      Firebase.setInt("/M5Stack/counter", count);
79:
80:    }
81: }
```

カウントをAボタンとCボタンで増減して、Bボタンを押すとカウント値が送信されます。送信されるとRealtime Databaseの値がリアルタイムで更新されます。

▼カウント値がリアルタイムに更新される

カウント値がリアルタイムに更新される

スケッチ例(M5StickC)

カウント値のものを流用させてFirebaseのRealtime Databaseにカウント値を送信します。

7～8行目にあるSSID、パスワード、11行目にある `FIREBASE_DATABASE_URL` のURLはご自身の環境に合わせてください。M5StickCの場合はM5Stackの値も表示できるようにしました。M5Stackの値が変更されるとリアルタイムで値がM5StickCにも表示されます。

SOURCE CODE

```
 1: #include <ArduinoJson.h>
 2: #include <IOXhop_FirebaseStream.h>
 3: #include <IOXhop_FirebaseESP32.h>
 4: #include <M5StickC.h>
 5: #include <WiFi.h>
 6:
 7: #define WIFI_SSID "SSIDを入力してください"
 8: #define WIFI_PASSWORD "パスワードを入力してください"
 9:
10: // FirebaseのデータベースURL(ご自身のデータベースURLに変更してください)
11: #define FIREBASE_DATABASE_URL "データベースURLを変更してください.fire
    baseio.com"
12:
13: // カウント初期化
14: int count = 0;
```

```
15:
16: void setup() {
17:   M5.begin();
18:
19:   // Wi-Fi接続
20:   WiFi.begin(WIFI_SSID, WIFI_PASSWORD);
21:   Serial.print("connecting");
22:   while (WiFi.status() != WL_CONNECTED) {
23:     Serial.print(".");
24:     delay(500);
25:   }
26:   Serial.println();
27:
28:   // WiFi Connected
29:   Serial.println("\nWiFi Connected.");
30:   Serial.println(WiFi.localIP());
31:   M5.Lcd.setRotation(3); // 画面を横向きにする
32:   M5.Lcd.fillScreen(BLACK);
33:   M5.Lcd.setCursor(10, 30);
34:   M5.Lcd.println("Button Click!");
35:
36:   // Firebase初期化
37:   Firebase.begin(FIREBASE_DATABASE_URL);
38:
39:   // M5Stackから更新された値を監視する
40:   Firebase.stream("/M5Stack/counter", [](FirebaseStream stream) {
41:     String eventType = stream.getEvent();
42:     eventType.toLowerCase();
43:     Serial.println(eventType);
44:
45:     if (eventType == "put") {
46:       String path = stream.getPath();
47:       String data = stream.getDataString();
48:       // ディスプレイ表示
49:       M5.Lcd.setCursor(10, 30);
50:       M5.Lcd.fillScreen(BLACK);
51:       M5.Lcd.setTextColor(WHITE);
52:       M5.Lcd.printf("M5Stack: %s", data);
53:       M5.Lcd.setCursor(10, 50);
54:       M5.Lcd.printf("M5StickC: %d", count);
55:     }
```

```
56:   });
57: }
58:
59: void loop() {
60:   M5.update();
61:
62:   if (M5.BtnA.wasReleased()) {
63:     // カウントアップ
64:     count++;
65:
66:     // ディスプレイ表示
67:     M5.Lcd.setCursor(10, 30);
68:     M5.Lcd.fillScreen(RED);
69:     M5.Lcd.setTextColor(YELLOW);
70:     M5.Lcd.printf("Count Up: %d", count);
71:   }
72:
73:   if(M5.BtnB.wasReleased()) {
74:     // カウントダウン
75:     count--;
76:
77:     // ゼロ以下にはしない
78:     if (count <= 0) count = 0;
79:
80:     // ディスプレイ表示
81:     M5.Lcd.setCursor(10, 30);
82:     M5.Lcd.fillScreen(GREEN);
83:     M5.Lcd.setTextColor(BLACK);
84:     M5.Lcd.printf("Count Down: %d", count);
85:   }
86:
87:   // 2秒押し続けて離すと送信
88:   if(M5.BtnA.wasReleasefor(2000)) {
89:     // ディスプレイ表示
90:     M5.Lcd.setCursor(10, 30);
91:     M5.Lcd.fillScreen(BLUE);
92:     M5.Lcd.setTextColor(WHITE);
93:     M5.Lcd.printf("Count Send: %d", count);
94:
95:     // カウント送信
96:     Firebase.setInt("/M5StickC/counter", count);
```

```
97:   }
98: }
```

40行目にある `Firebase.stream` で値の監視を行っています。FirebaseにM5Stackの値が更新されるとイベントが呼ばれます。イベントタイプ `put` のみを検出して、対象の値を取得しています。これでM5Stackの値を更新すると、リアルタイムでM5StickCにも反映されます。これを応用すれば遠く離れているセンサーの値をリアルタイムで知ることができます。

▼M5Stackの値がリアルタイムで反映される

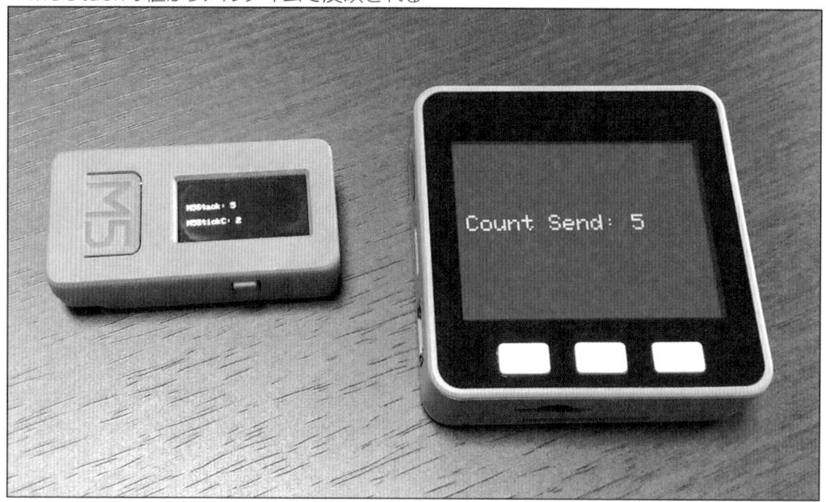

Firebaseにも値が反映されています。

▼M5StickCの値が反映される

DynamoDB(AWS)に送信する

Amazon Web Service(AWS)にはデータベースサービスのDynamoDBというものがあります。ここではあまり詳しく解説しませんが、さまざまなデータを格納することができるものです。

AWSアカウントを作成する

作成手順は下記のURLの手順に従っていけば作成できます。作成にはクレジットカードやデビットカードが必要なので、持っていない方は準備しておいてください。

URL https://aws.amazon.com/jp/register-flow/

リージョンを東京にする

AWSにログインしたら、画面右上が「バージニア北部」になっている方がいますので、「東京」に切り替えます。「アジアパシフィック(東京)」を選択してください。

1 「バージニア北部」をクリックする

▼アジアパシフィック(東京)に切り替える

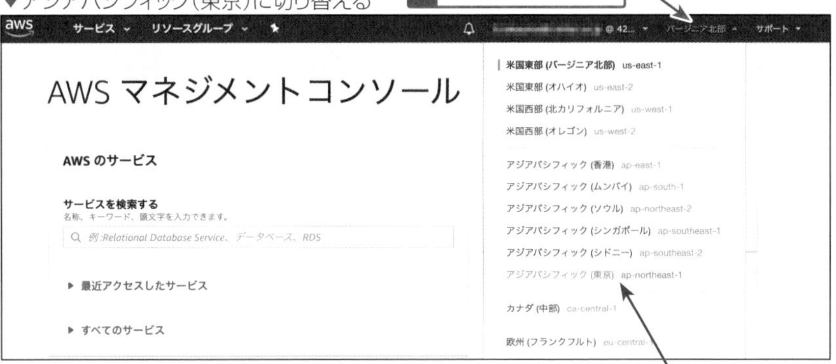

2 「アジアパシフィック(東京)」を選択する

Lambdaを作成する

Lambda(ラムダ)と呼ばれるサービスを開いてください。これは、サーバーのことを考えずに、プログラムコードだけに集中して作成できる画期的なサービスです。100万回実行されない限り、無料で使うことができます。「サービスを検索する」部分から「Lambda」と検索してクリックしてください。

▼Lambdaの検索

Lambdaが開いたら[関数の作成]ボタンをクリックします。

▼関数の作成の開始

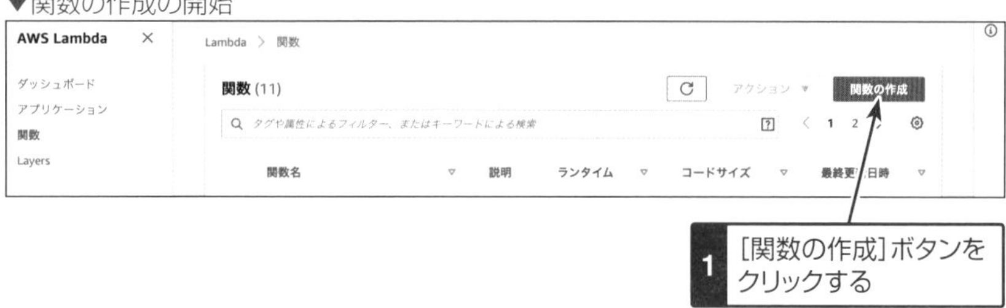

作成する関数の情報は次の通りです。関数名は `M5DataFunction` としました。各種項目を設定して[関数の作成]ボタンをクリックします。

項目	設定値
①関数名	M5DataFunction
②ランタイム	Node.js 12.x
③実行ロール	AWSポリシーテンプレートから新しいロールを作成
④ロール名	M5DataFunctionRole
⑤ポリシーテンプレート - オプション	シンプルなマイクロサービスのアクセス権限

▼関数の作成

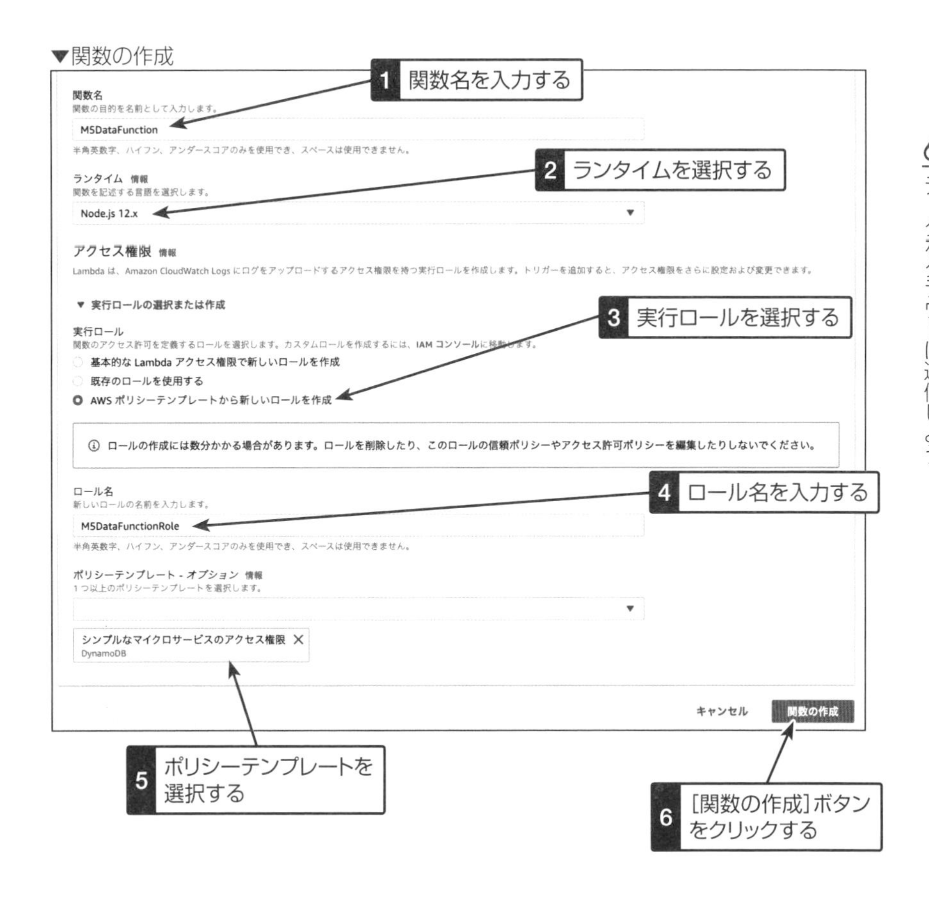

プログラムを記述する

Lambda関数にプログラムコードを反映します。下に少しスクロールすると「関数コード」というカテゴリがあります。既存のコードをすべて消して、下記のコードを記載してください。

SOURCE CODE

```
1: const AWS = require('aws-sdk');
2:
3: // DynamoDB初期化
4: const DynamoDB = new AWS.DynamoDB.DocumentClient({
5:   region: "ap-northeast-1"
6: });
7:
8: // 日付フォーマット変換
9: module.exports.dateToStr12HPad0 = function dateToStr12HPad0(date,
   format) {
10:     if (!format) {
11:         format = 'YYYY/MM/DD hh:mm:ss:dd AP';
12:     }
13:     format = format.replace(/YYYY/g, date.getFullYear());
14:     format = format.replace(/MM/g, ('0' + (date.getMonth() + 1)).
   slice(-2));
15:     format = format.replace(/DD/g, ('0' + date.getDate()).slice(-2));
16:     format = format.replace(/hh/g, ('0' + date.getHours()).slice(-2));
17:     format = format.replace(/mm/g, ('0' + date.getMinutes()).
  slice(-2));
18:     format = format.replace(/ss/g, ('0' + date.getSeconds()).
  slice(-2));
19:     format = format.replace(/dd/g, ('0' + date.getMilliseconds()).
  slice(-3));
20:     return format;
21: };
22:
23: // DynamoDBに送信
24: module.exports.putM5Data = async function putM5Data(count, area) {
25:     // 環境変数から値を取得する
26:     const tableName = process.env.DYNAMO_TABLE_NAME;
27:
28:     var timezoneoffset = -9; // UTC-表示したいタイムゾーン(単位:hour)。
   JSTなら-9
```

```
29:     var today = new Date(Date.now() - (timezoneoffset * 60 - new
   Date().getTimezoneOffset()) * 60000);
30:
31:     // 日付フォーマット変更
32:     const timestamp = this.dateToStr12HPad0(today, 'YYYY/MM/DD
   hh:mm:ss:dd');
33:
34:     await DynamoDB.put( {
35:         "TableName": tableName,
36:         "Item": {
37:           "Timestamp": timestamp,
38:           "count": count,
39:           "area": area
40:         }
41:     }, function( err, data ) {
42:         console.log(err);
43:
44:     }).promise();
45: };
46:
47: exports.handler = async (event) => {
48:     // M5Stackから送られてくるカウント値取得
49:     const json = JSON.parse(event.body);
50:
51:     // DynamoDBに送信
52:     await this.putM5Data(json.count, json.area);
53:
54:     // TODO implement
55:     const response = {
56:         statusCode: 200,
57:         body: JSON.stringify('Send Done!'),
58:     };
59:     return response;
60: };
```

▼コードを反映する

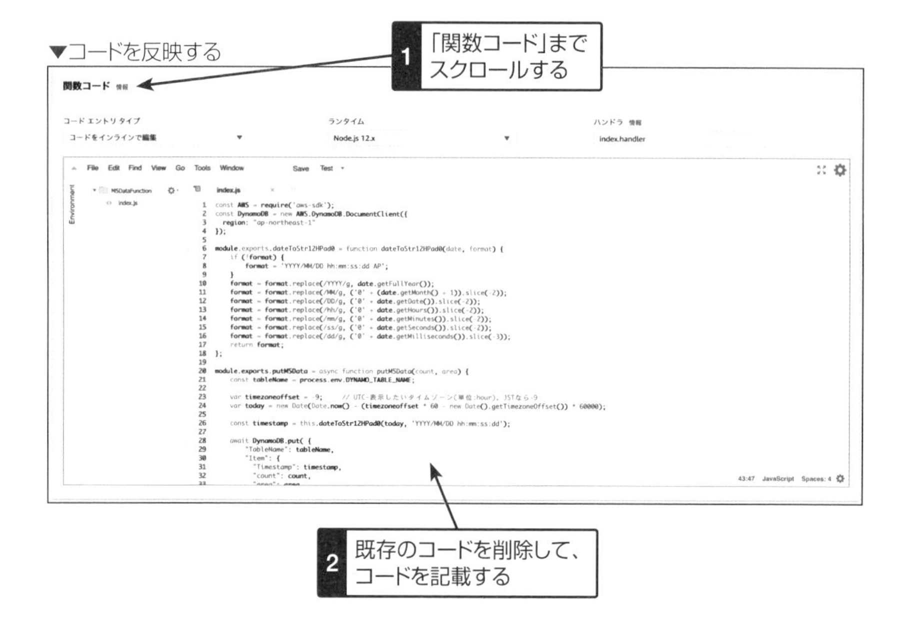

34行目にある `DynamoDB.put` というメソッドでM5Stackから送られてくる値をDynamoDBに保存しています。 `event.body` にM5Stackから送られてきた値を取得します。今回は、count値とarea値を取得しています。

✿ 環境変数を設定する

環境変数を設定しておくことで、ソースコードから見られたくない値を環境変数で管理しておくことが可能です。一括で変更することもできるので、環境変数を設定しておくことをオススメします。ソースコード中にある `process.env` から始まる値が該当する箇所です。

環境変数カテゴリまで下にスクロールし、[環境変数を管理] ボタンをクリックします。

▼環境変数の編集の表示

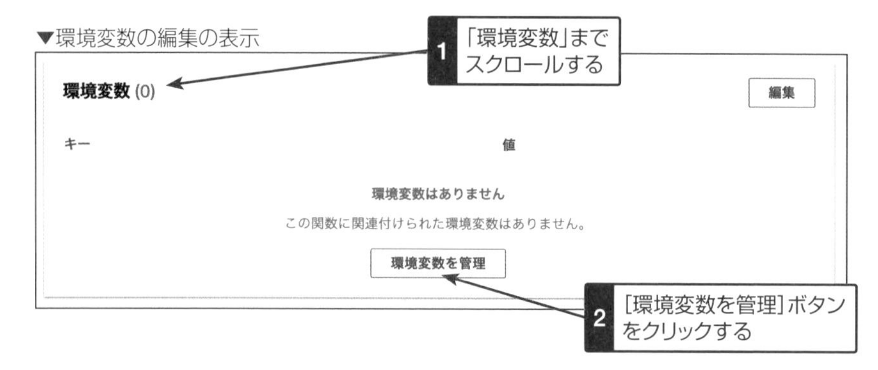

先に[環境変数の追加]ボタンをクリックして表示されるキー名と値を入力します(下表参照)。入力できたら、右下の[保存]ボタンをクリックします。

項目	設定値
キー名	DYNAMO_TABLE_NAME
値	M5DataTable

▼キー名と値の設定

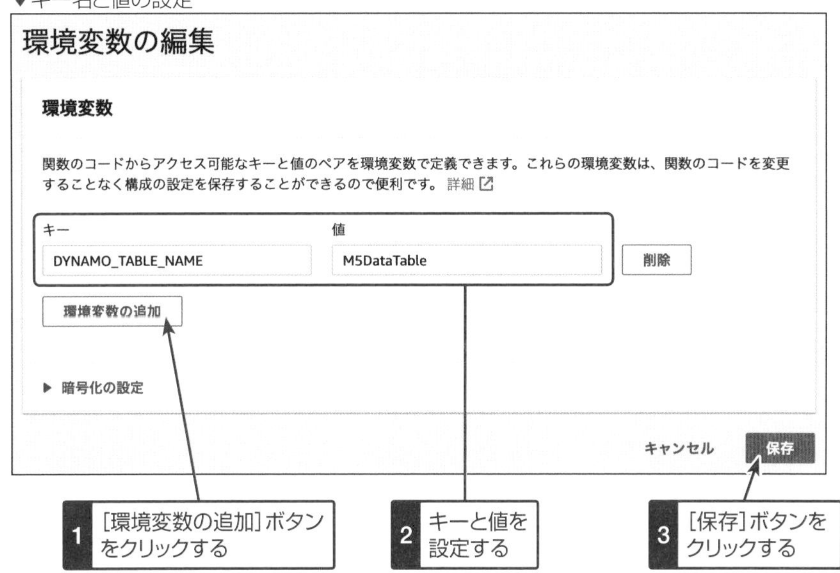

環境変数が下記のように設定されます。もしスペルミスがあれば、[編集]ボタンで再度、編集することができます。

▼環境変数が設定される

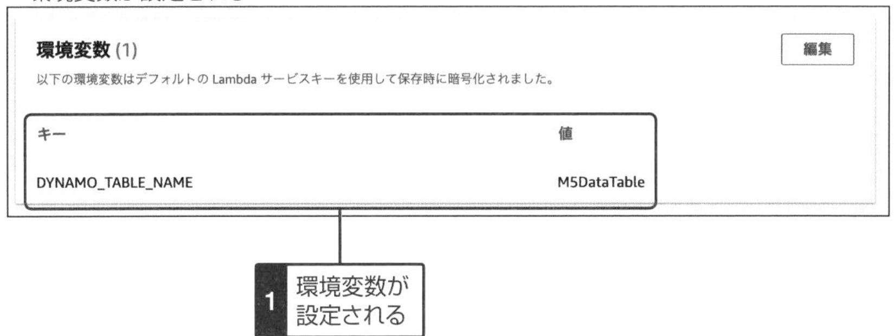

API Gatewayを設定する

M5StackがLambdaと連携するためのREST APIのURLを発行します。AWSにはAPI Gatewayというサービスがあります。これは、Lambdaを実行するためのURLを簡単に発行することができます。

一番上までスクロールして、[+トリガーを追加]ボタンをクリックします。

▼[+トリガーを追加]をクリック

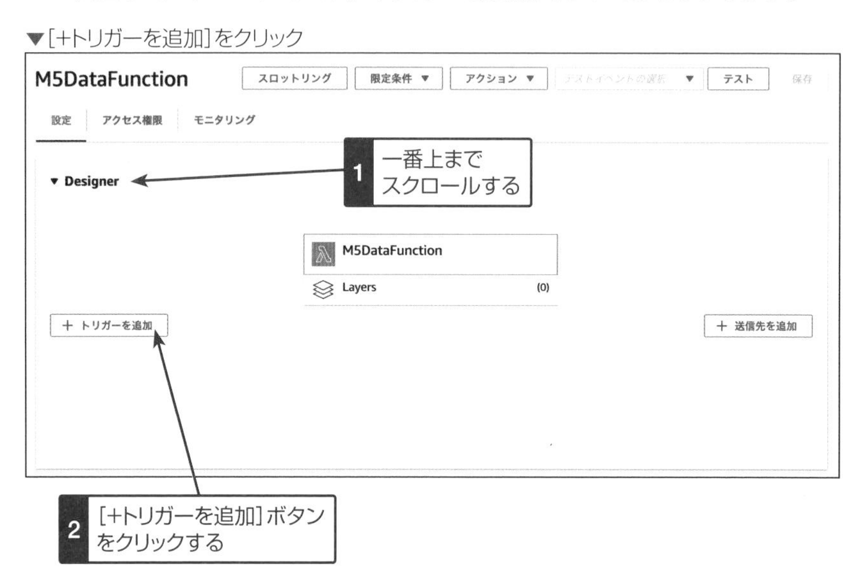

API Gatewayの設定を行います。プルダウンメニューから「API Gateway」を選択します。その他の設定は次の通りです。設定できたら右下の[追加]ボタンをクリックします。

項目	設定値
②API	新規APIの作成
③テンプレートを選択	HTTP API
④セキュリティ	オープン

▼API Gatewayの設定

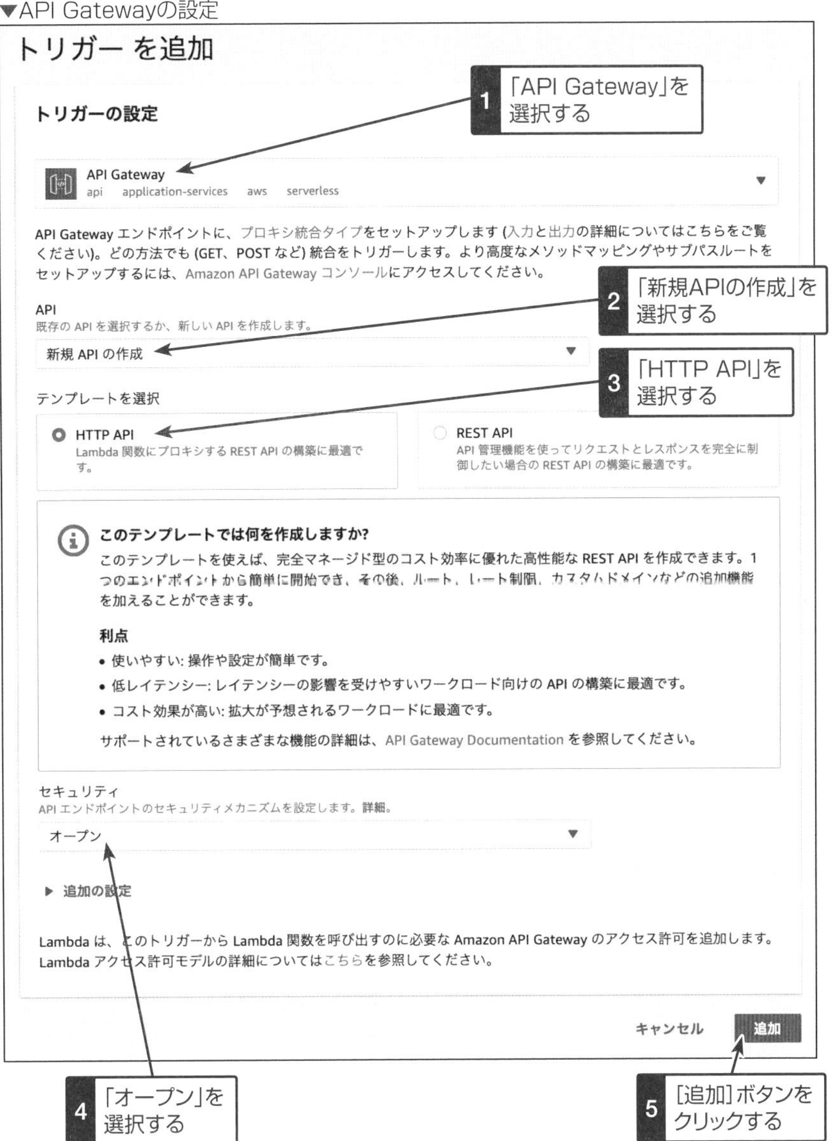

API GatewayのURLが発行されるのでメモしておきます。メモしたら右上の[保存]ボタンをクリックします。

▼API GatewayのURLの確認

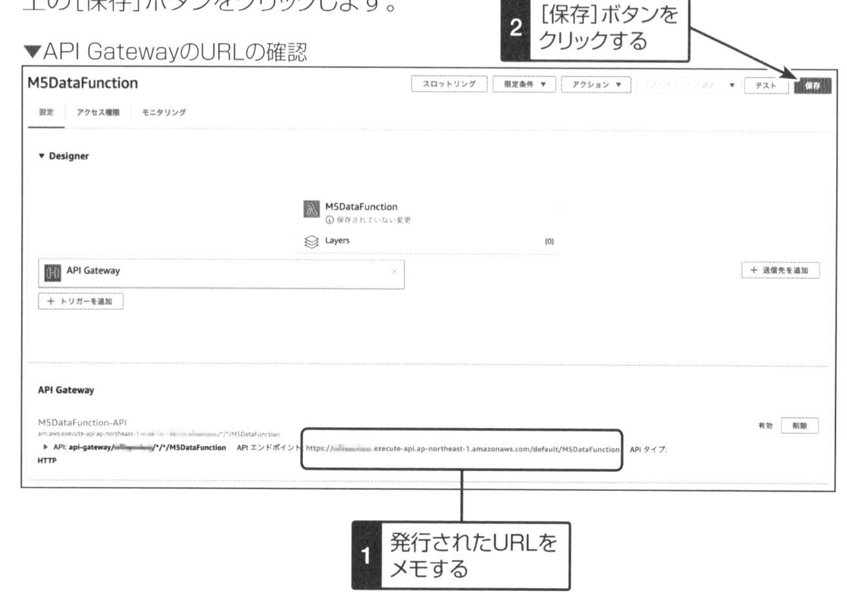

DynamoDBを設定する

M5Stackから送られてくるデータを格納するデータベースを作成します。サービスの検索窓から「DynamoDB」を検索してください。

▼DynamoDBの検索

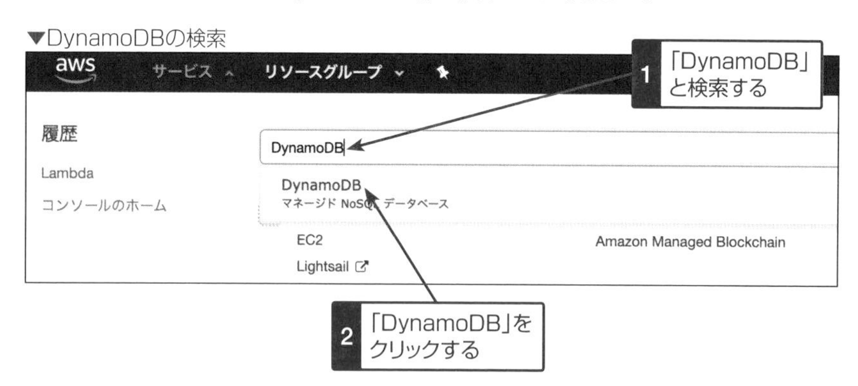

DynamoDBが開いたら、[テーブルの作成]ボタンをクリックします。

▼テーブルの作成の開始

テーブル名とプライマリキーを入力して、[作成]ボタンをクリックします。テーブル名とプライマリキーのスペルは間違えないように気を付けてください。

項目	設定値
①テーブル名	M5DataTable
②プライマリキー	Timestamp

▼テーブル名とプライマリキーの入力

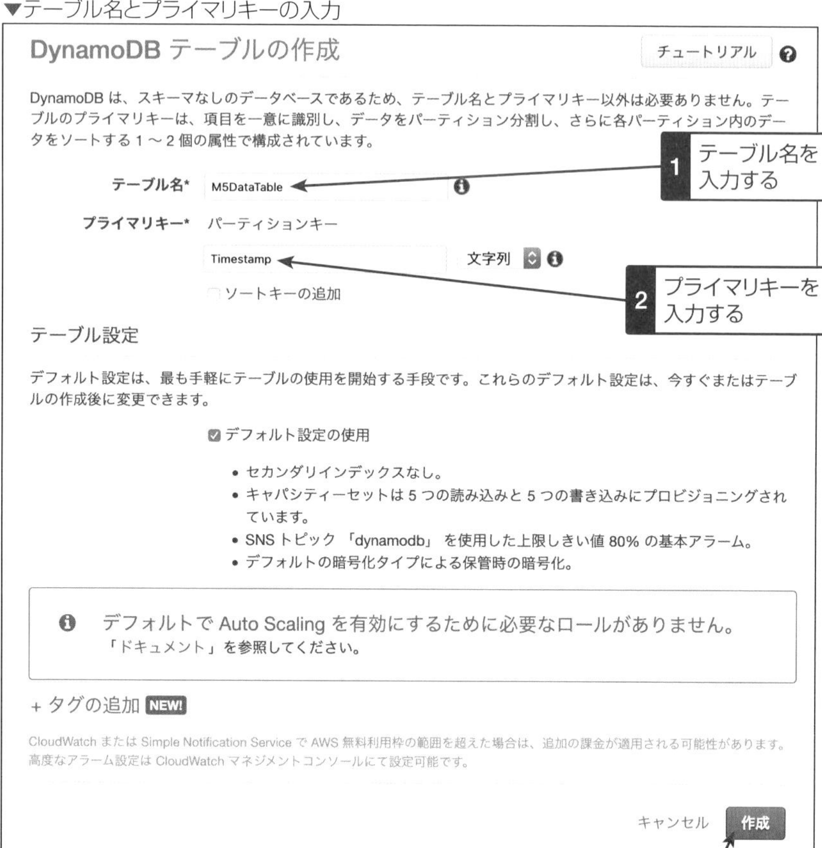

スケッチ例(M5Stack)

M5Stackのスケッチ例は下記の通りです。6～7行目にあるWi-FiのSSIDとパスワードと10行目にあるAPI GatewayのURLはご自身の環境に合わせて設定してください。

SOURCE CODE

```
 1: #include <M5Stack.h>
 2: #include <HTTPClient.h>
 3: #include <WiFi.h>
 4: #include <ArduinoJson.h>
 5:
 6: #define WIFI_SSID "SSIDを入力してください"
 7: #define WIFI_PASSWORD "パスワードを入力してください"
 8:
 9: // API GatewayのURL
10: const char *host = "API GatewayのURLを反映してください";
11:
12: // Json設定
13: StaticJsonDocument<255> json_request;
14: char buffer[255];
15:
16: // カウント初期化
17: int count = 0;
18:
19: void setup() {
20:   M5.begin();
21:
22:   // Wi-Fi接続
23:   WiFi.begin(WIFI_SSID, WIFI_PASSWORD);
24:   Serial.print("connecting");
25:   while (WiFi.status() != WL_CONNECTED) {
26:     Serial.print(".");
27:     delay(500);
28:   }
29:   Serial.println();
30:
31:   // WiFi Connected
32:   Serial.println("\nWiFi Connected.");
33:   Serial.println(WiFi.localIP());
34:   M5.Lcd.setTextSize(3);
35:   M5.Lcd.setCursor(10, 100);
```

```
36:   M5.Lcd.println("Button Click!");
37:
38: }
39:
40: // カウント値送信
41: void sendCount() {
42:   json_request["count"] = count;
43:   json_request["area"] = "M5Stack";
44:   serializeJson(json_request, buffer, sizeof(buffer));
45:
46:   HTTPClient http;
47:   http.begin(host);
48:   http.addHeader("Content-Type", "application/json");
49:   int status_code = http.POST((uint8_t*)buffer, strlen(buffer));
50:   Serial.println(status_code);
51:   if (status_code > 0) {
52:       if (status_code == HTTP_CODE_OK) {
53:         M5.Lcd.setCursor(10, 100);
54:         M5.Lcd.fillScreen(BLACK);
55:         M5.Lcd.setTextColor(WHITE);
56:         M5.Lcd.setTextSize(3);
57:         M5.Lcd.println("Send Done!");
58:       }
59:   } else {
60:       Serial.printf("[HTTP] GET... failed, error: %s\n",
  http.errorToString(status_code).c_str());
61:   }
62:   http.end();
63: }
64:
65: void loop() {
66:   M5.update();
67:
68:   if (M5.BtnA.wasReleased()) {
69:     // カウントアップ
70:     count++;
71:
72:     // ディスプレイ表示
73:     M5.Lcd.setCursor(10, 100);
74:     M5.Lcd.fillScreen(RED);
75:     M5.Lcd.setTextColor(YELLOW);
```

```
 76:     M5.Lcd.setTextSize(3);
 77:     M5.Lcd.printf("Count Up: %d", count);
 78:   }
 79:
 80:   if(M5.BtnC.wasReleased()) {
 81:     // カウントダウン
 82:     count--;
 83:
 84:     // ゼロ以下にはしない
 85:     if (count <= 0) count = 0;
 86:
 87:     // ディスプレイ表示
 88:     M5.Lcd.setCursor(10, 100);
 89:     M5.Lcd.fillScreen(GREEN);
 90:     M5.Lcd.setTextColor(BLACK);
 91:     M5.Lcd.setTextSize(3);
 92:     M5.Lcd.printf("Count Down: %d", count);
 93:   }
 94:
 95:   if(M5.BtnB.wasReleased()) {
 96:     // ディスプレイ表示
 97:     M5.Lcd.setCursor(10, 100);
 98:     M5.Lcd.fillScreen(BLUE);
 99:     M5.Lcd.setTextColor(WHITE);
100:     M5.Lcd.setTextSize(3);
101:     M5.Lcd.printf("Count Send: %d", count);
102:
103:     // カウント送信
104:     sendCount();
105:   }
106: }
```

送信方法はカウントアップスケッチと同様です。AボタンとCボタンがカウントの操作をします。Bボタンで値を送信します。送信に成功するとDynamoDBが下記のように反映されます。

これで簡単にAWS LambdaとDynamoDBとAPI GatewayというAWS連携することができました。

▼カウント値が格納される

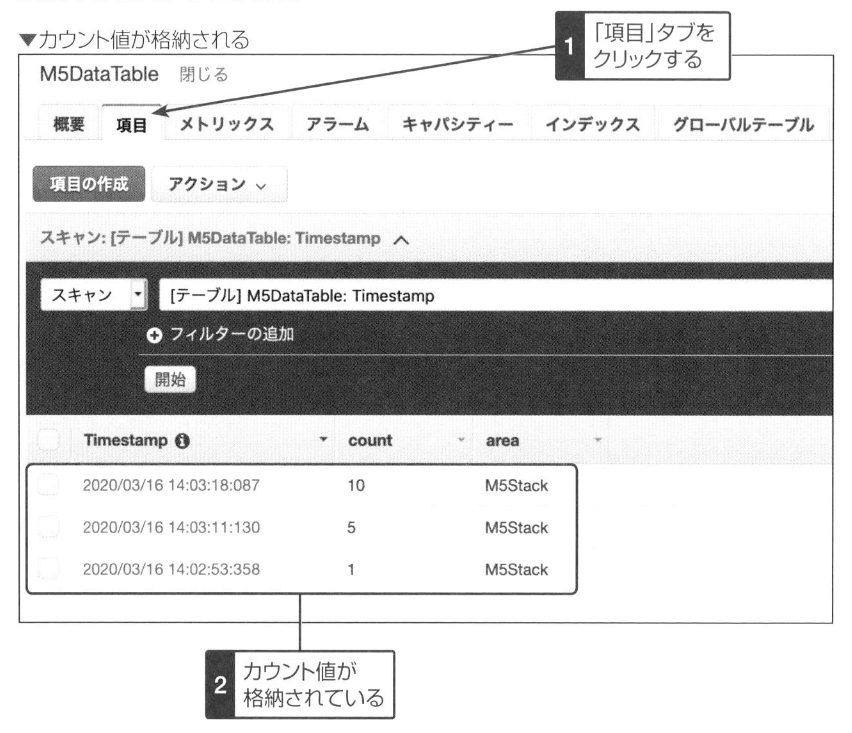

なお、書き込む際に失敗する場合はArduinoJsonライブラリのバージョンを6系に再度、変更してください。

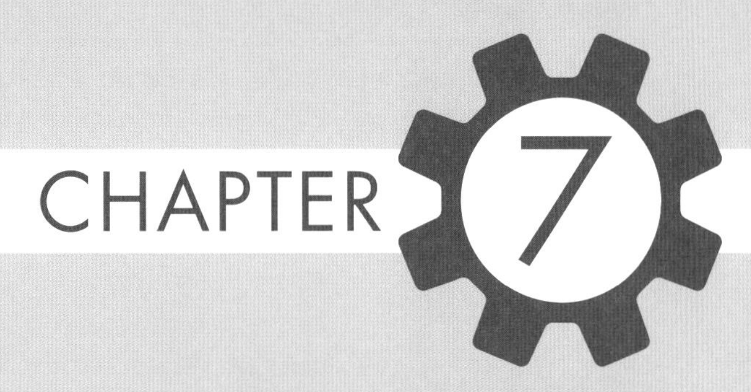

データ値を可視化しよう!

環境構築

この章ではFirebaseに送信した値をWebブラウザで可視化してみます。リアルタイムで値が変化していくので、可視化できるととても面白いです。動作させるために環境構築が必要です。ここでは、次のツールを導入します。

ツール	URL
Git	https://git-scm.com/
Node.js v12.16.1	https://nodejs.org/ja/
Visual Studio Code	https://azure.microsoft.com/ja-jp/products/visual-studio-code/

PCの環境構築を行います。すでに環境が整っている方はこの手順を飛ばして構いません。

Gitをインストールする

下記のURLからGitをダウンロードして、インストールを行ってください。

- **Macの場合**

URL https://git-scm.com/download/mac

- **Windowsの場合**

URL https://git-scm.com/download/windows

Windowsの場合はPCの環境が32-bitか64-bitかを確認してください(26ページ参照)。

▼環境に合わせてダウンロードする

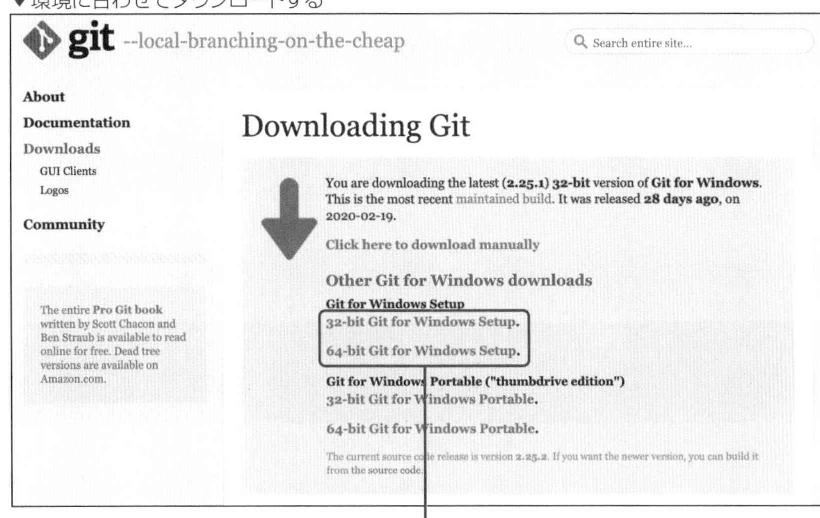

◆インストールの確認

Windowsの場合はコマンドプロンプトやPowerShellを、Macの場合はターミナルを開いて下記のコマンドを実行してください。コマンドを実行してGitのバージョンが表示されれば問題ありません。表示されない場合は一度、PCを再起動してみてください。

```
$ git --version
git version 2.xx.x
```

✿ Node.jsをインストールする

次にNode.jsをインストールします。下記のURLからNode.jsをダウンロードして、インストールを行ってください。Node.jsは最新のLTS版を使用してください。

URL https://nodejs.org/ja/download/

環境に応じたファイルをダウンロードして、インストールまで行います。

▼Node.jsのダウンロード

◆インストールの確認

Windowsの場合はコマンドプロンプトやPowerShellを、Macの場合はターミナルを開いて下記のコマンドを実行してください。コマンドを実行してNode.jsのバージョンが表示されれば問題ありません。

```
$ node -v
v12.16.1
```

✿ Visual Studio Codeをインストールする

Visual Studio Codeは下記からダウンロードして、インストールを行ってください。

URL https://azure.microsoft.com/ja-jp/products/visual-studio-code/

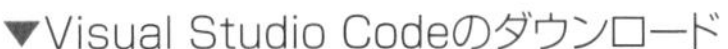
▼Visual Studio Codeのダウンロード

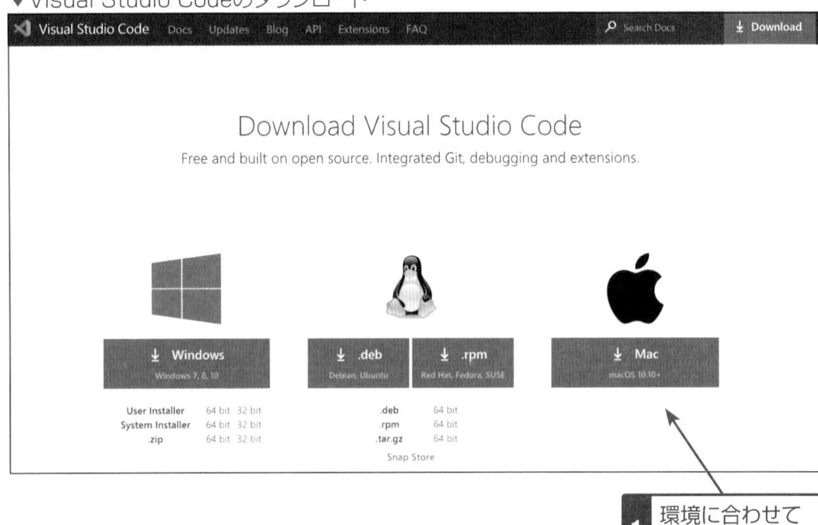

◆ codeコマンドで実行できるようにする（Macのみ）

Visual Studio Codeをインストールすると、Windowsでは何もしなくてもコマンドプロンプトやPowerShellから `code` コマンドでVisual Studio Codeを起動できますが、Macの場合はPathを通しておく必要があります。

Macの場合はVisual Studio Codeを開いて、`Command + Shift + P` でコマンドパレットを開きます。次に「shell」と検索し、「シェルコマンド:PATH内に'code'コマンドをインストールします」をクリックしてインストールを行います。これで `code` コマンドが実行できます。

▼codeコマンドで実行できるようにする

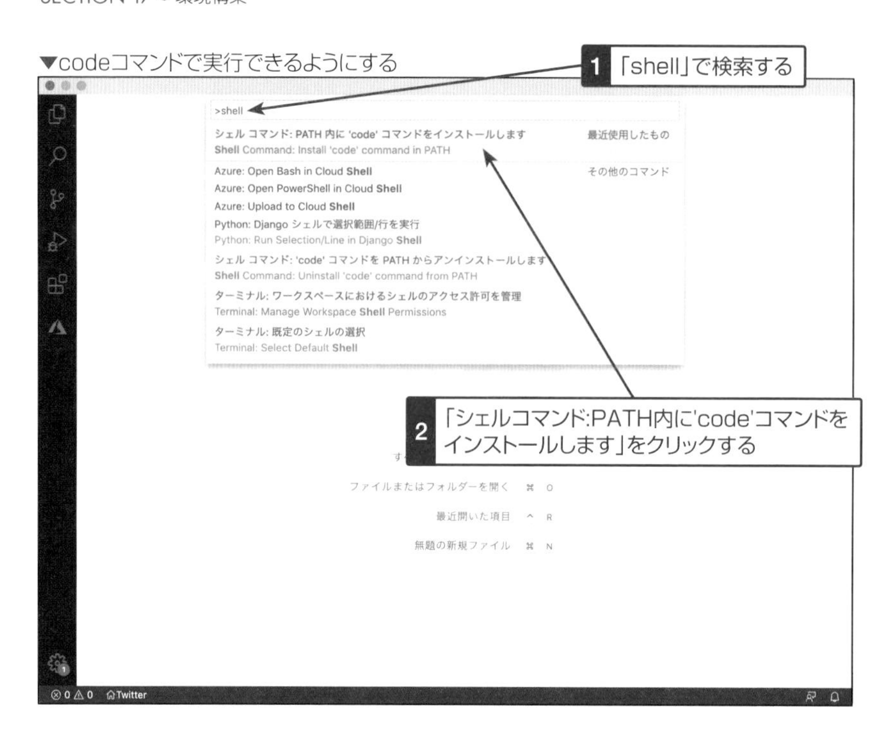

Vue.jsでデータ値を可視化する

Vue.jsを使ってFirebaseに送信した値を可視化します。下記の手順に従って環境を整えてください。

Firebaseに Webアプリを追加する

Firebaseのコンソール画面に行き、作成したプロジェクトを開きます。

URL https://console.firebase.google.com/?hl=ja

設定ボタンの[プロジェクトを設定]をクリックして、Webボタン「</>」をクリックしてください。

▼Webアプリの追加

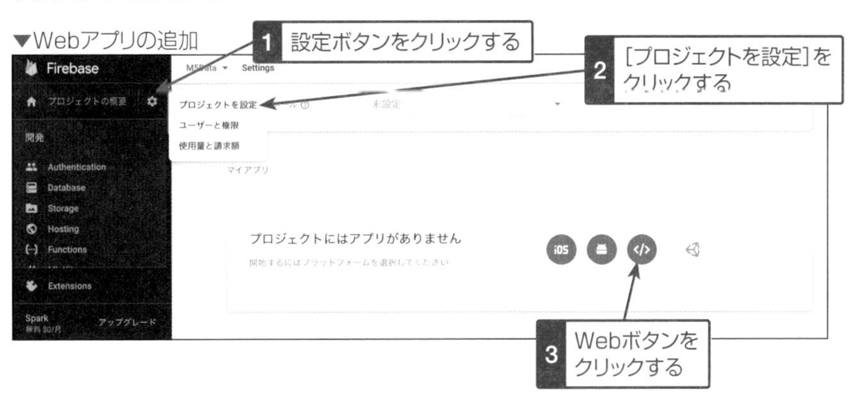

アプリのニックネームを入力します。今回は「M5Data」としました。[アプリを登録]ボタンをクリックします。

▼アプリのニックネームの設定

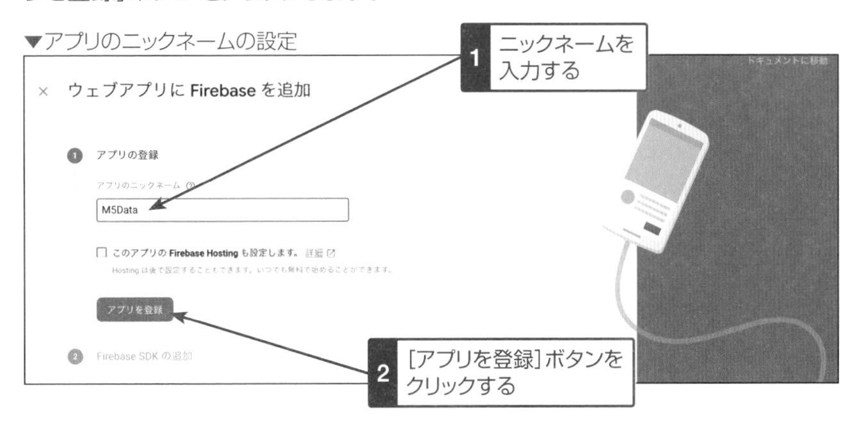

後ほど使うので、下記4箇所の値をメモしておきます。［コンソールに進む］ボタンをクリックします。これでFirebaseの設定は完了しました。

▼4箇所の値をメモする

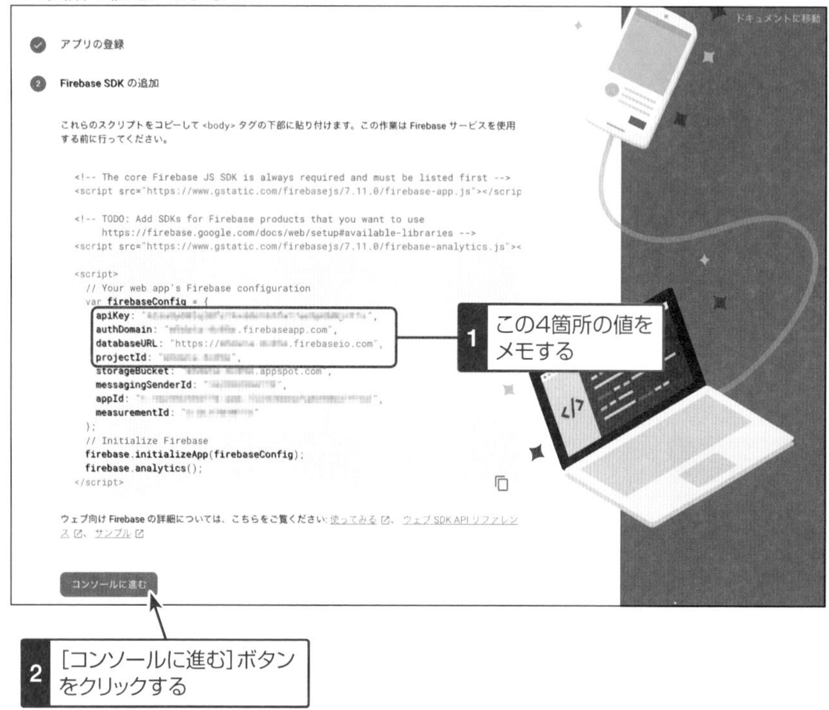

✿ プロジェクトをダウンロードする

GitHubからプロジェクトをダウンロードしてください。Windowsの場合はコマンドプロンプトやPowerShellを、Macの場合はターミナルを開いて下記のコマンドを実行してください。GitHubからダウンロードされると、自動的にVisual Studio Codeが起動します。

▼Windowsの場合

```
> cd %homepath%\Documents\
> git clone https://github.com/gaomar/m5data-viewer.git && code m5data-viewer
```

▼Macの場合

```
$ cd ~/Documents/
$ git clone https://github.com/gaomar/m5data-viewer.git && code m5data-viewer
```

Firebaseの設定値を反映する

FirebaseのWebアプリでメモした値を反映します。`src/plugins/firebase.js` ファイルを開き、メモした4つの値をそれぞれ反映してください。変更したらファイルを保存することを忘れないように気を付けてください。

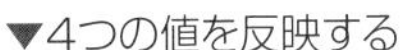
▼4つの値を反映する

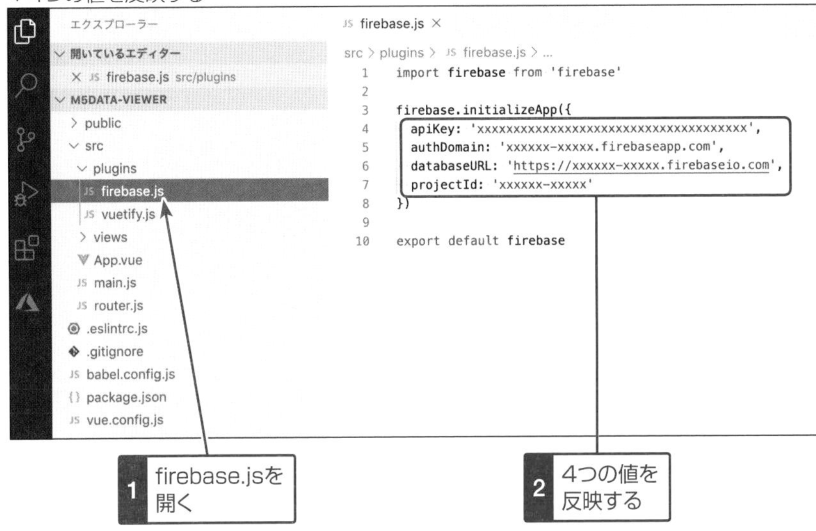

環境をインストールする

今のままではVue.jsの環境が入っていないので、コマンドを実行してインストールします。Visual Studio Codeのターミナルウィンドウを開いて、下記のコマンドを実行してください。インストールが終わると `node_modules` フォルダができます。

```
$ npm i
```

▼ターミナルウィンドウでコマンド実行する

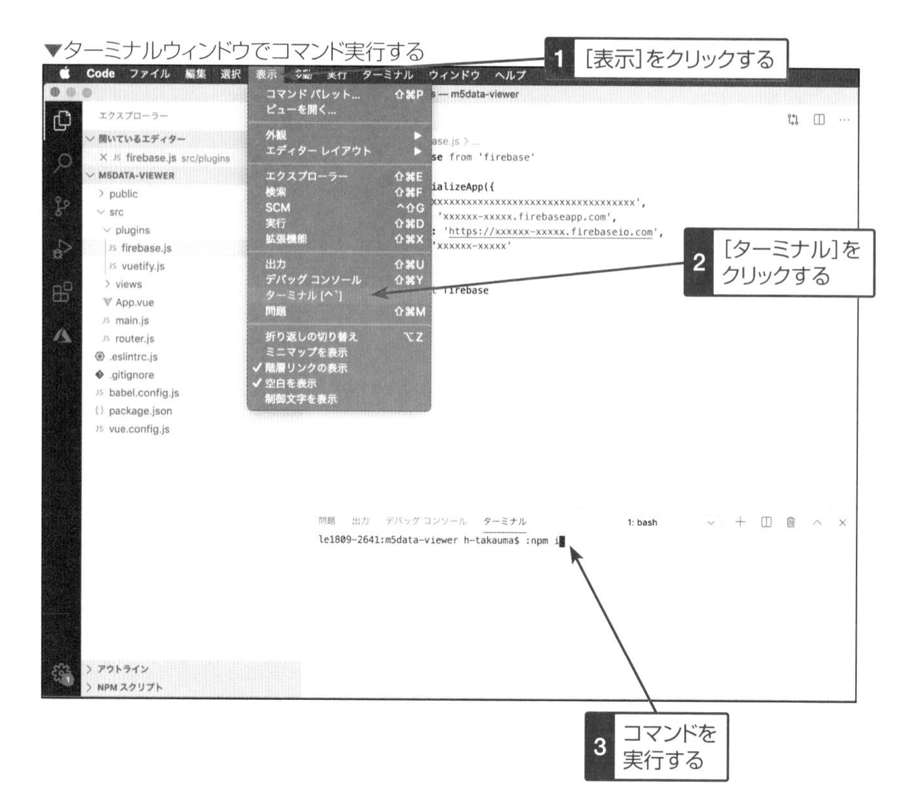

✿ プログラムを実行する

環境が整ったら、Visual Studio Codeのターミナルウィンドウで下記のコマンドを実行してください。

```
$ npm run serve
```

▼ビルドが終わりブラウザにアクセスする

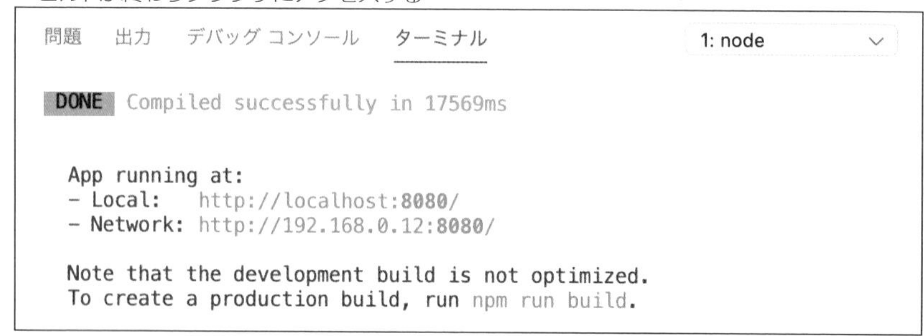

エラーなく起動できたらブラウザを表示して下記のURLにアクセスしてください。

URL http://localhost:8080/

Firebaseの値がうまく可視化されていることを確認してください。

▼ブラウザで確認する

SECTION 19 netlifyにデプロイする

netlifyは、静的サイトをホスティングすることができるWebサービスです。こちらのサイトにデプロイすることで、どこからでもアクセスできるWebサイトを公開することができます。もちろんhttpsとして公開されるので、面倒な設定がいりません。

- netlify

URL https://www.netlify.com/

▼netlify

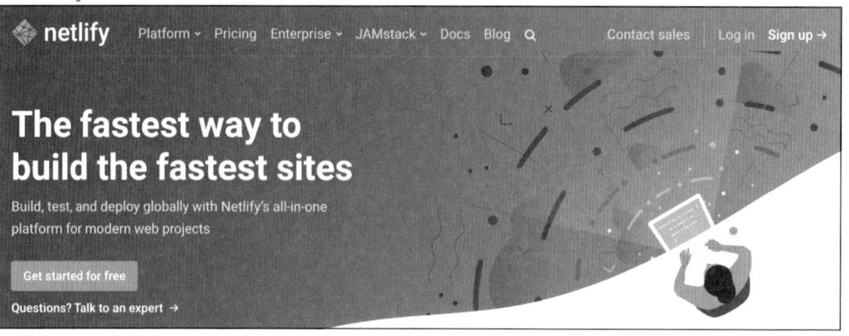

また、個人で少し使うレベルであれば「無料」で使用することが可能です。

URL https://www.netlify.com/pricing/

▼netlifyの利用料金

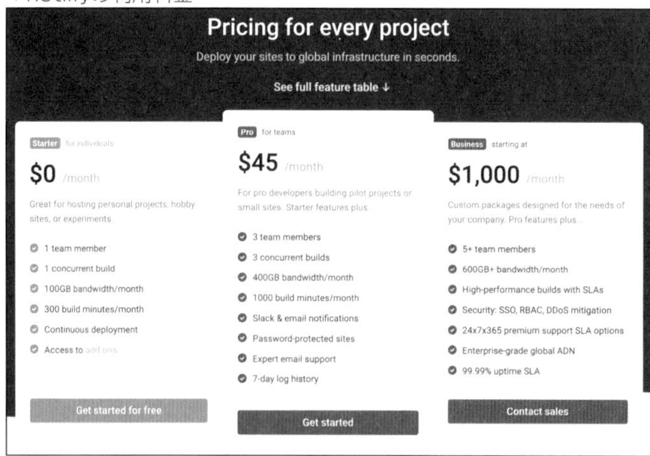

netlifyにサインアップする

netlifyにサインアップします。アカウントはGitHubアカウントなどがあればスムーズに連携することができます。

URL https:///app.netlify.com/signup

▼各種アカウントでサインアップする

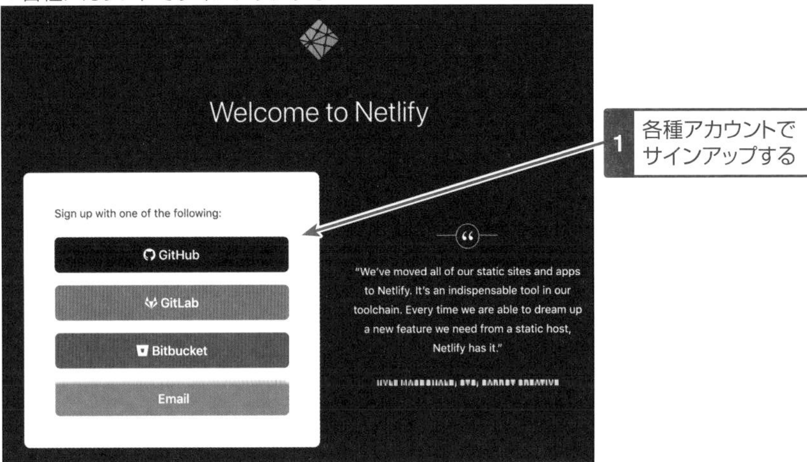

プロジェクトをビルドする

静的サイトの公開用にプロジェクトをビルドします。Visual Studio Codeのターミナルウィンドウで下記のコマンドを実行してください。ビルドが終わると`dist`フォルダが作成されます。

```
$ npm run build
```

▼ビルドが終わると「dist」フォルダができる

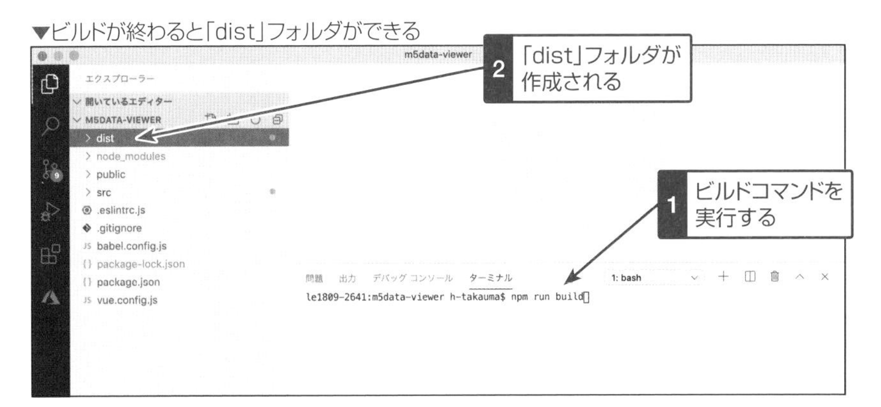

プロジェクトを公開する

ビルドした`dist`フォルダをnetlifyにドラッグ&ドロップするだけで簡単に公開されます。

▼プロジェクトの公開

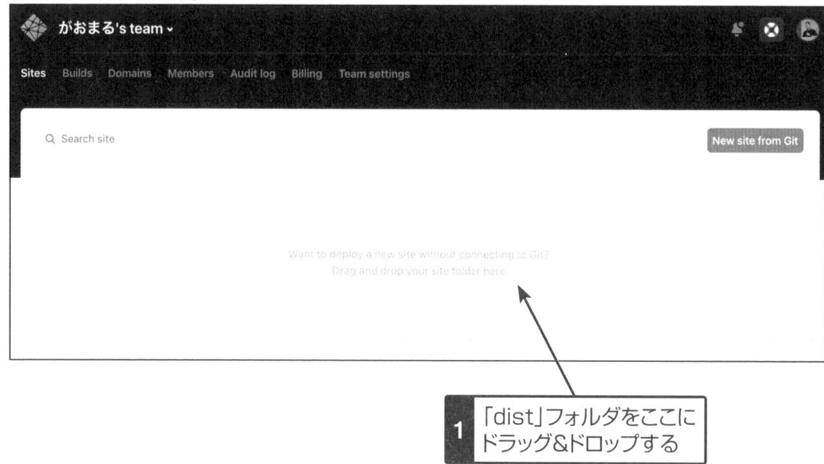

デプロイすると、自動的にURLが発行されるのでアクセスしてみましょう。ローカル環境で動かしたものがそのまま動いていることが確認できます。

▼URLの確認

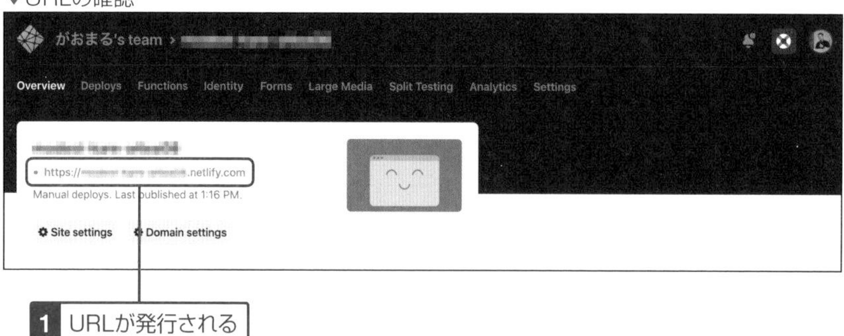

ドラッグ&ドロップするだけで簡単にWebアプリを公開することができました。プロトタイプ作成で仮作成したものを見てもらうときや、本番リリースも対応できるので積極的に使っていきましょう。

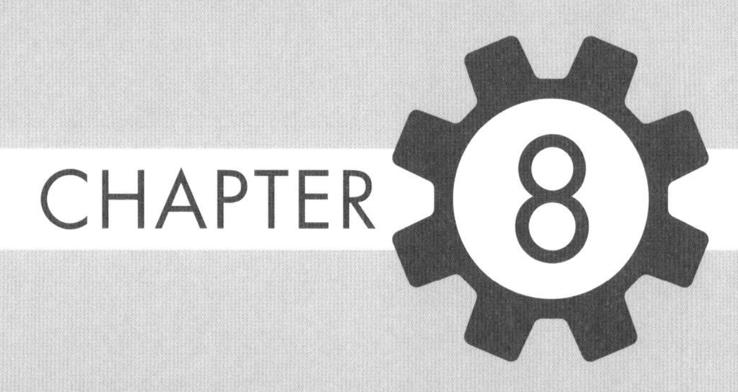

クラウドサービスと連携しよう!

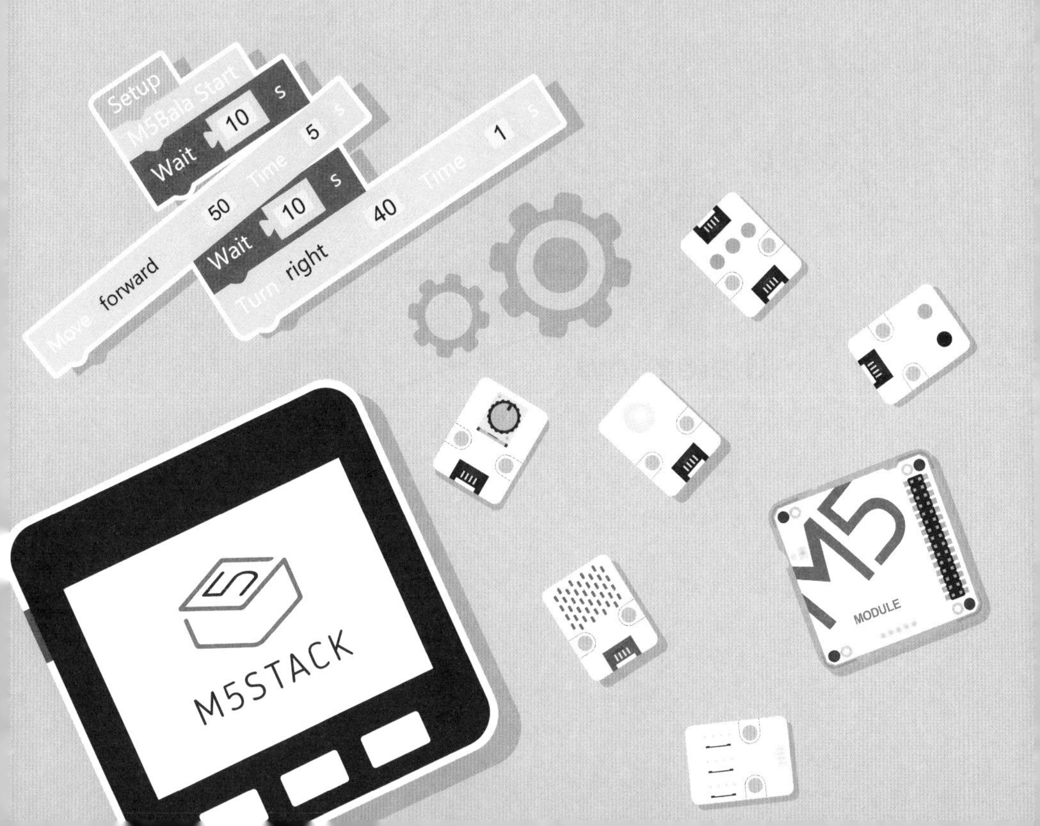

SECTION 20

LINEとDialogflowを連携する

LINEのチャットボットで値を確認したり、LIFFという機能を使ってM5デバイスから送られてくる値を可視化してみましょう。こちらを進める際は必ず、CHAPTER-6の「Firebaseに送信する」(98ページ参照)と、CHAPTER-7の「netlifyにデプロイする」(138ページ参照)を行ってください。

Dialogflowとは

Dialogflowとは Google社が運営しているサービスです。ほぼノンプログラミングで、音声認識・音声合成・自然言語処理・感情解析を使った対話アプリやチャットボットを構築できるサービスです。Google Assistantや Facebook Messenger、Twitter、LINEと容易に連携することができます。

▼Dialogflowで各種サービスと連携できる

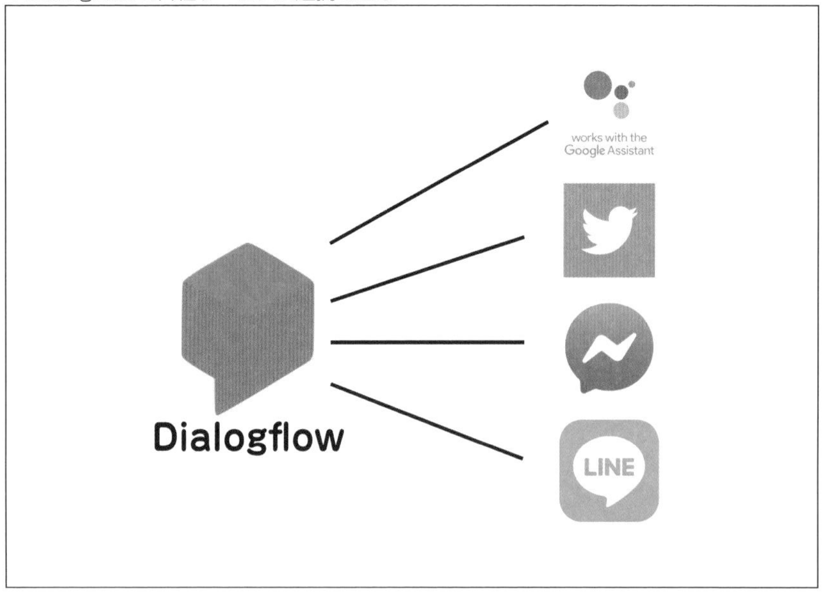

Dialogflowプロジェクトを作成する

下記のURLにアクセスしてお持ちのGoogleアカウントで作成することができます。ここで注意なのですが、G Suiteのアカウントではなく、Gmailのアカウントが必要です。

URL https://dialogflow.com/

画面左下にある[Sign up for free]ボタンをクリックします。

▼サインアップ

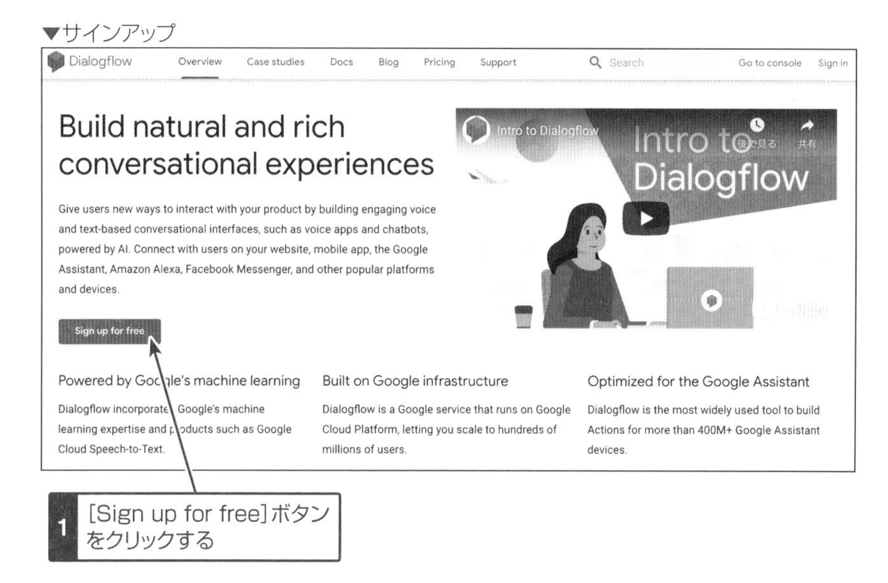

続いて中央の[Sign-in with Google]ボタンをクリックします。

▼Googleアカウントでサインアップ

Googleアカウントでログインします。

▼Googleアカウントの選択

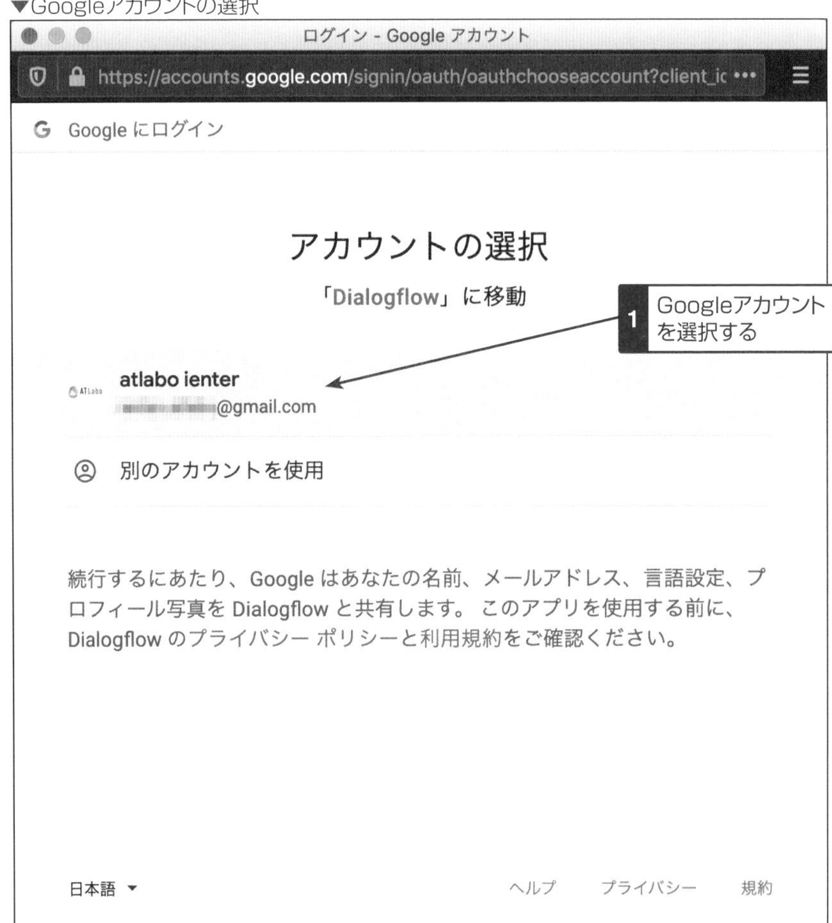

画面右下の[許可]ボタンをクリックします。

▼Googleアカウントへのリクエストの確認

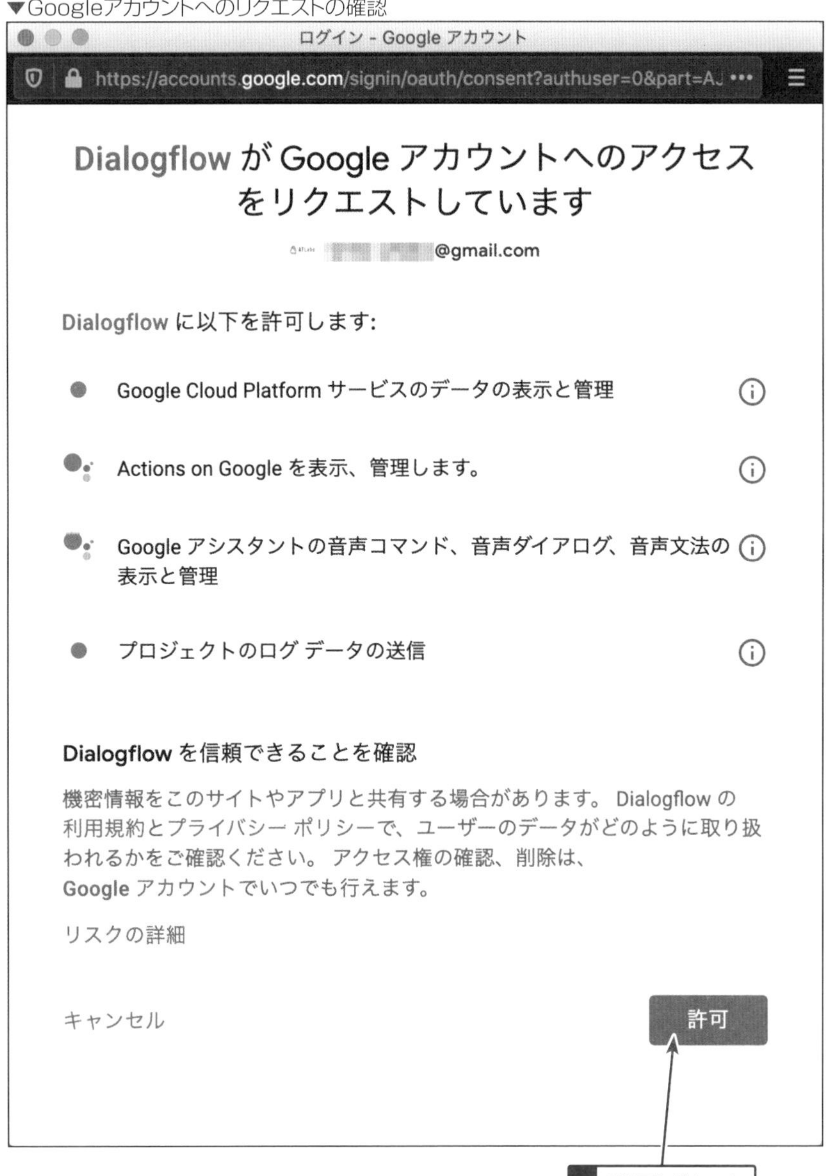

[Country or territory]から「Japan」を選択し、[Terms of Service]の[Yes, I have read and accept the agreement]をONにして、右下にある「ACCEPT」ボタンをクリックします。

▼規約の確認

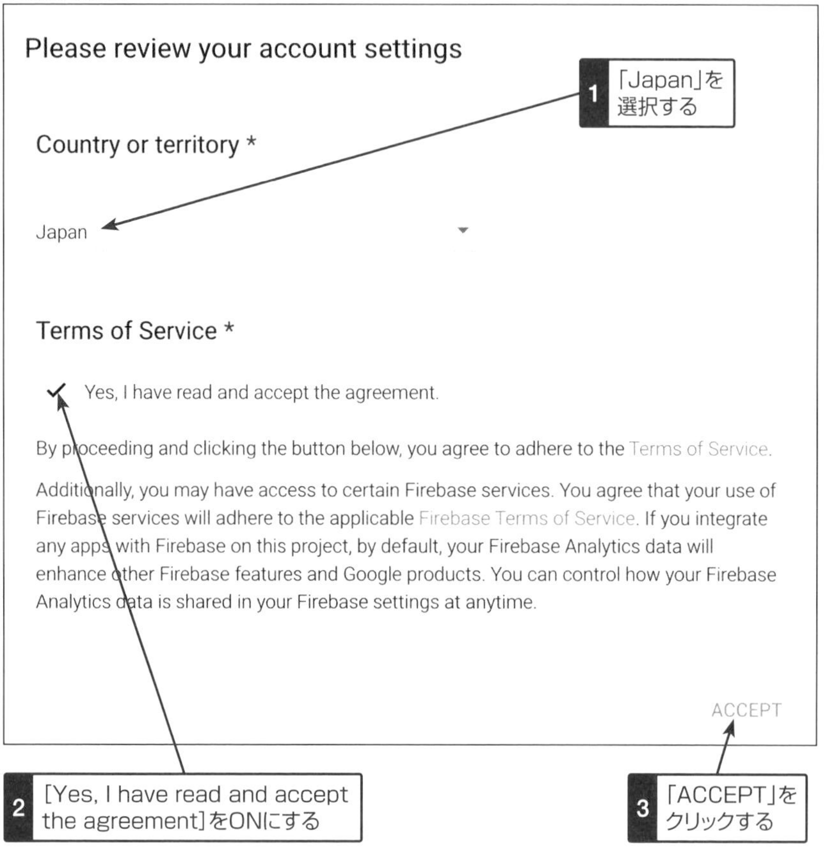

画面右下にある[CREATE AGENT]ボタンをクリックします。

▼AGENTの作成

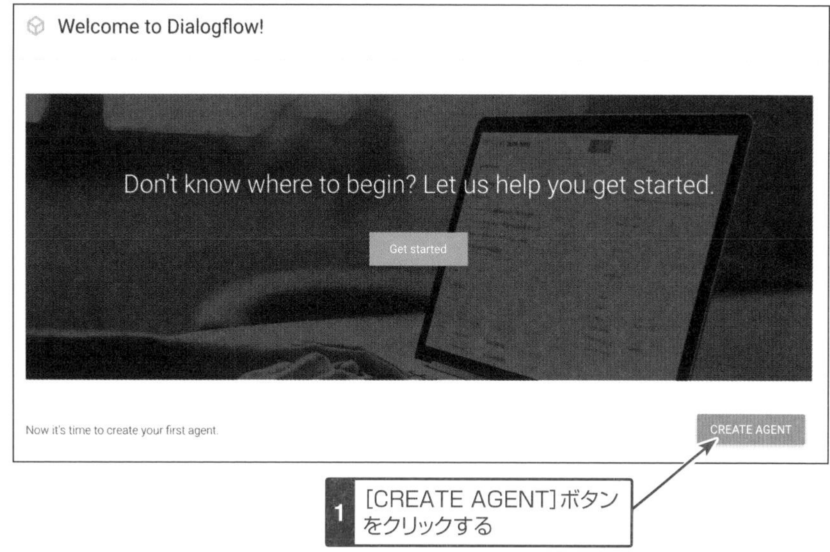

プロジェクト名に「M5Viewer」と入力して、[DEFAULT LANGUAGE]は「Japanese -ja」を選択します。[GOOGLE PROJECT]の部分はすでに作成済みの「m5data-xxxxx」を選択してください(ご自身で作成したプロジェクト名を選択してください)。どれか設定ミスがあるとうまく値を取得することができないので気を付けてください。右上の[CREATE]ボタンをクリックしてください。

▼プロジェクトの設定

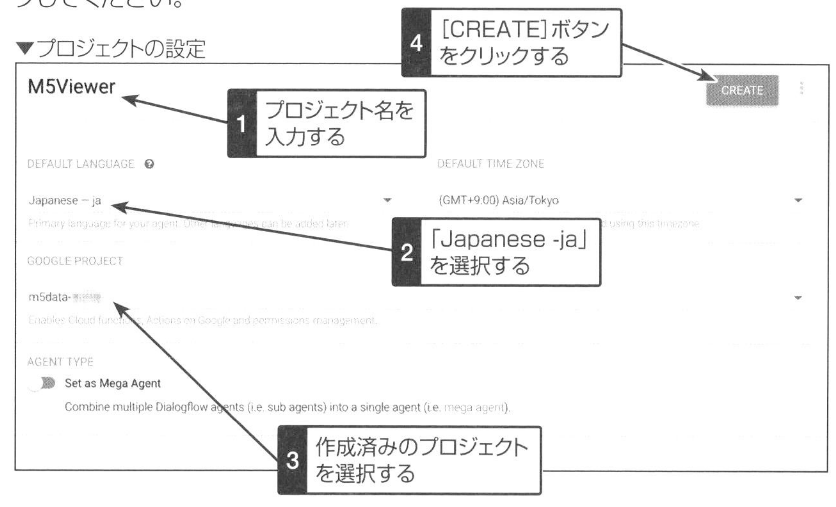

Entitiesを設定する

Entitiesを設定します。Entitiesとは、オリジナル辞書のようなものです。学習させたい単語を登録することで、言葉の揺らぎをカバーすることができます。同じ意味を持つ同義語の意味合いで使います。

たとえば「本」の場合だと、「書物」「ブック」「書籍」「読み物」など複数の意味合いを指す言葉があります。その言葉の揺らぎを学習させる目的のものがEntitiesなのです。

ここでは、M5StackとM5StickCを登録します。左側メニューの「Entities」の右側にある[+]をクリックして「M5Stack」と「M5StickC」の言葉を登録してください。Entity名は「M5Type」と入力します。忘れずに[SAVE]ボタンをクリックしてください。

▼「M5Stack」と「M5StickC」という単語の登録

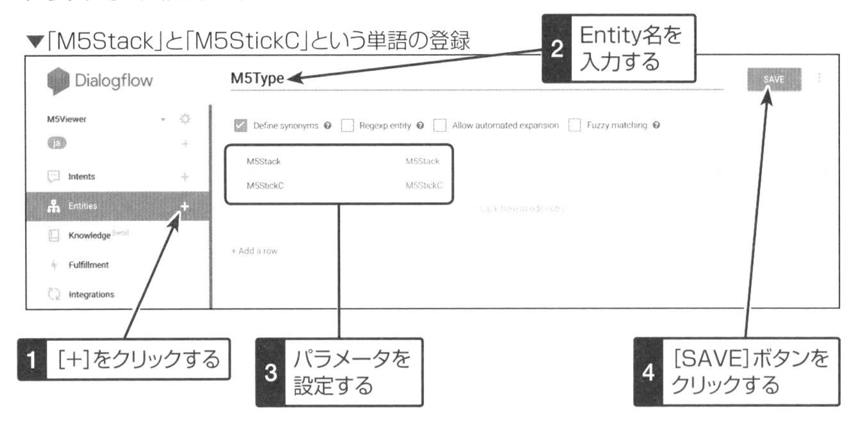

Intentを作成する

Intentを作成します。Intentとは、直訳すると「意図」という意味です。言葉の意図をキッカケに動作することです。たとえば、「明日の天気は?」という天気を知りたい「意図」の言葉に反応して、明日の天気を調べるプログラムを走らせるキッカケという意味です。少し難しいですが、慣れれば簡単です。

ここでは、「M5Stackの値」という言葉をキッカケにFirebaseから値を取得する処理を行います。

左側メニューの「Intents」の右側にある[+]をクリックして、Intent名に「M5Intent」と入力します。次に[Training phrases]の「ADD TRAINING PHRASES」をクリックしてください。

▼Intent名の入力

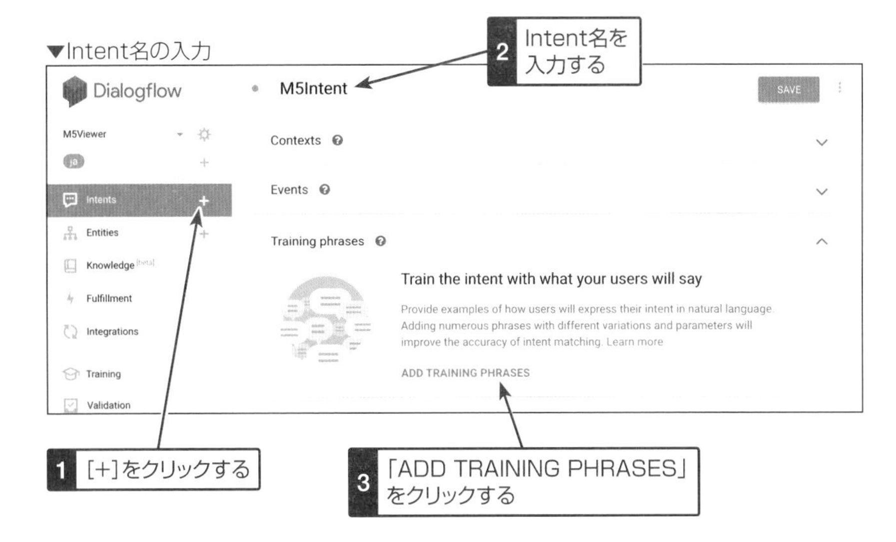

「Add user expression」の部分に「M5Stackの値」と入力してください。文字を入力したら必ず「Enter」キーを押してください。

すると、「M5Stack」の部分に背景色が付きます。この部分はEntitiesにあたります。「M5StickCの値」と言い換えられても言葉として反応することができます。

▼「M5Stackの値」と入力

続いて、Fulfillmentを設定します。少し下にスクロールすると「Fulfillment」カテゴリがあるので、「ENABLE FULFILLMENT」をクリックしてください。

▼Fulfillmentの設定

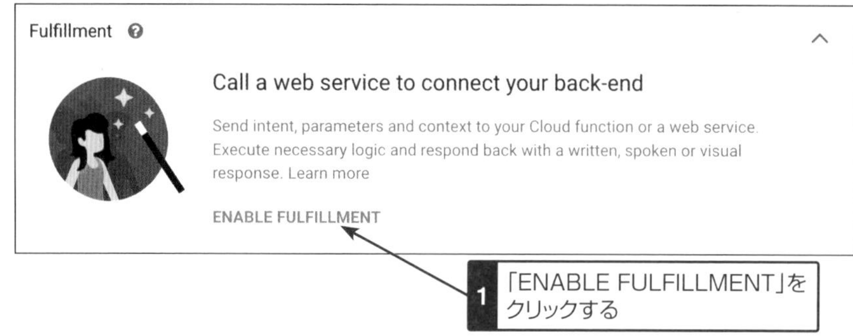

Fulfillment
Call a web service to connect your back-end
Send intent, parameters and context to your Cloud function or a web service. Execute necessary logic and respond back with a written, spoken or visual response. Learn more
ENABLE FULFILLMENT
1 「ENABLE FULFILLMENT」をクリックする

「Enable webhook call for this intent」を有効化してください。全体的に下記のようになれば問題ありません。右上の[SAVE]ボタンをクリックしてください。

▼Webhookの有効化

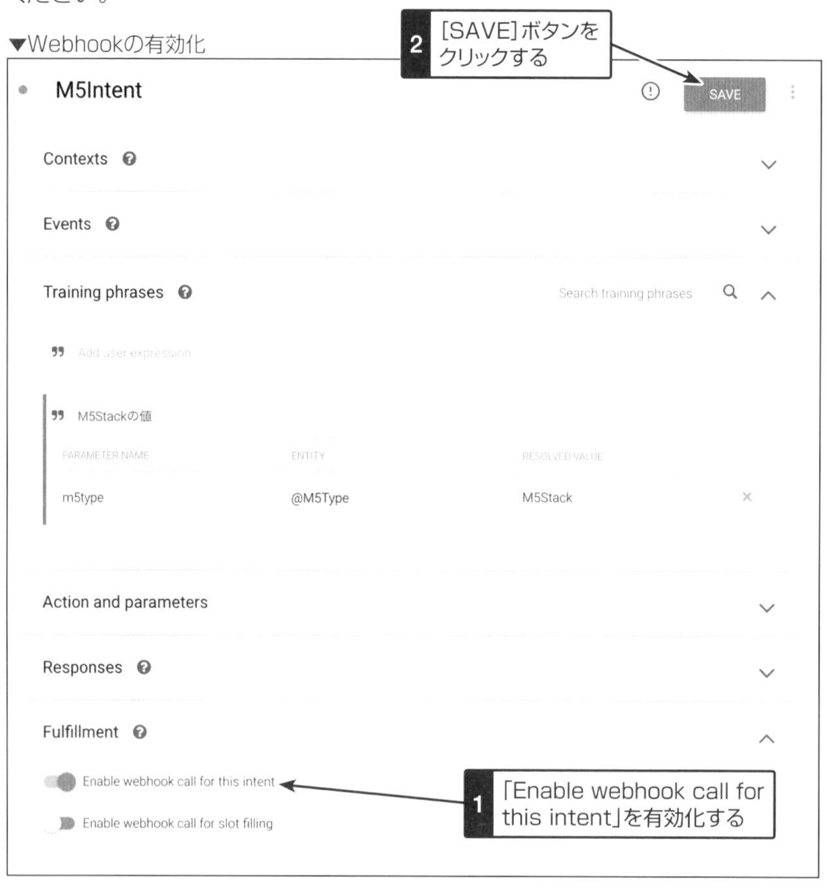

8 クラウドサービスと連携しよう!

Fulfillmentを設定する

Fulfillmentを設定します。Fulfillmentとは、プログラムの実行先やプログラム自体を設定します。左側メニューの「Fulfillment」をクリックして、「Inline Editor」を有効化してください。

▼Inline Editorの有効化

このとき、クレジットカードの設定が必要なので、お持ちのクレジットカードを設定しておいてください。有料プランを設定しない限りお金を請求されることはありません。

すでに書かれているソースコードは削除し、次のコードを記載してください。終わったら[DEPLOY]ボタンをクリックしてデプロイします。デプロイ時間が表示されるまで少し待ちます。

▼コードの入力とデプロイ

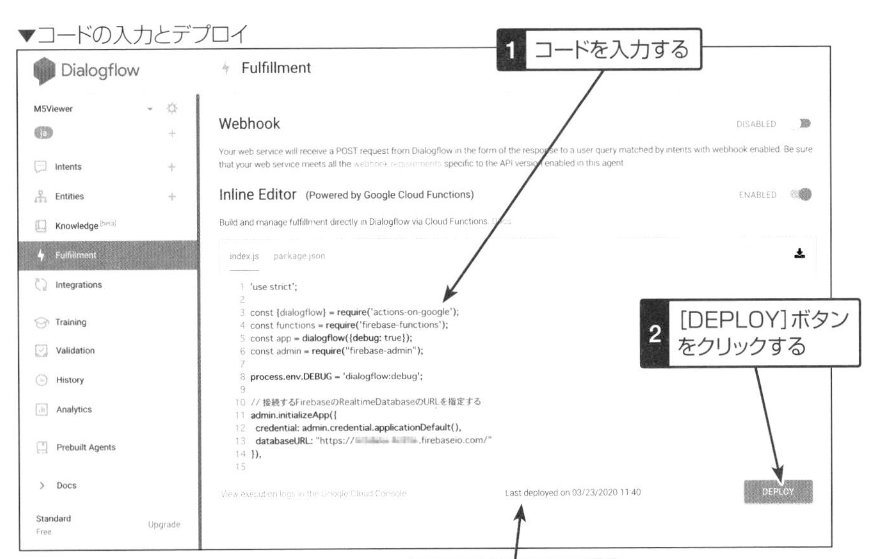

13行目は、102ページで確認したFirebaseのRealtime DatabaseのURLを指定してください。

SOURCE CODE

```
1: 'use strict';
2:
3: const {dialogflow} = require('actions-on-google');
4: const functions = require('firebase-functions');
5: const app = dialogflow({debug: true});
6: const admin = require("firebase-admin");
7:
8: process.env.DEBUG = 'dialogflow:debug'; // enables lib debugging
   statements
9:
10: // 接続するFirebaseのRealtimeDatabaseのURLを指定する
11: admin.initializeApp({
12:   credential: admin.credential.applicationDefault(),
13:   databaseURL: "https://m5data-xxxxx.firebaseio.com/"
14: });
15:
16: const getM5Counter = (m5type) => {
17:     return admin.database()
18:             .ref(`${m5type}/counter`)
19:             .once('value');
20: };
21:
22: app.intent('M5Intent', (conv, {m5type}) => {
23:     return getM5Counter(m5type).then((snapshot) => {
24:
25:         conv.json(
26:             JSON.stringify({
27:                 "fulfillmentText": `${m5type}の値は${snapshot.val()}です。`
28:             })
29:         );
30:
31:     }).catch((e) => {
32:         conv.json(
33:             JSON.stringify({
34:                 "fulfillmentText": "エラー"
35:             })
36:         );
37:
```

```
38:     });
39: });
40:
41: exports.dialogflowFirebaseFulfillment = functions.https.onRequest(app);
```

Dialogflow上で動作確認する

デプロイできたら、動作確認をします。画面右側にある「Try it now」というところに、「M5Stackの値」と入力してください。すると、Firebaseから値を取ってきて、「M5Stackの値は6です。」と表示されます。「M5StickCの値」と入力すると、M5StickC側の値が表示されます。

▼Firebaseの値の取得

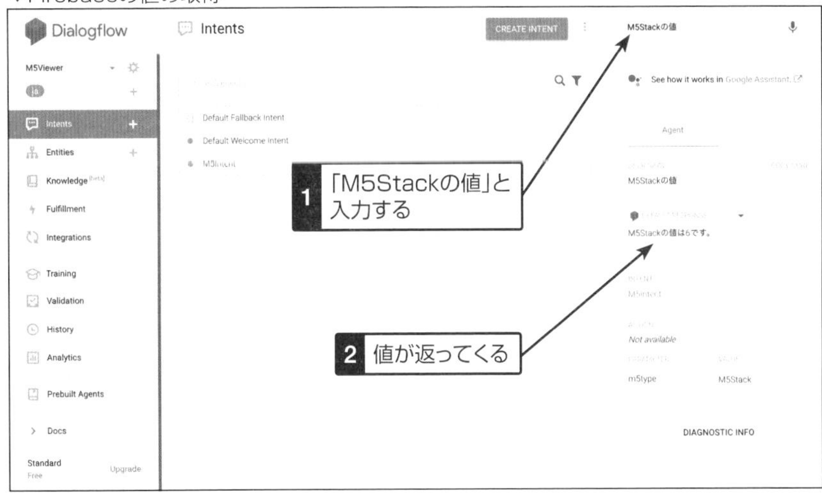

LINEチャネルを作成する

LINEチャットボットを作成します。LINE Developerサイトにアクセスして、お持ちのLINEアカウントでログインしてください。

URL https://developers.line.biz/console/

▼LINEアカウントでログインする

一度もLINEチャネルを作成したことがない場合はプロバイダーの作成を行ってください。プロバイダーとは、アプリを提供する組織のことです。ご自分の名前や企業名を入力してください。今回は「M5プロバイダー」としました。

▼プロバイダーの作成

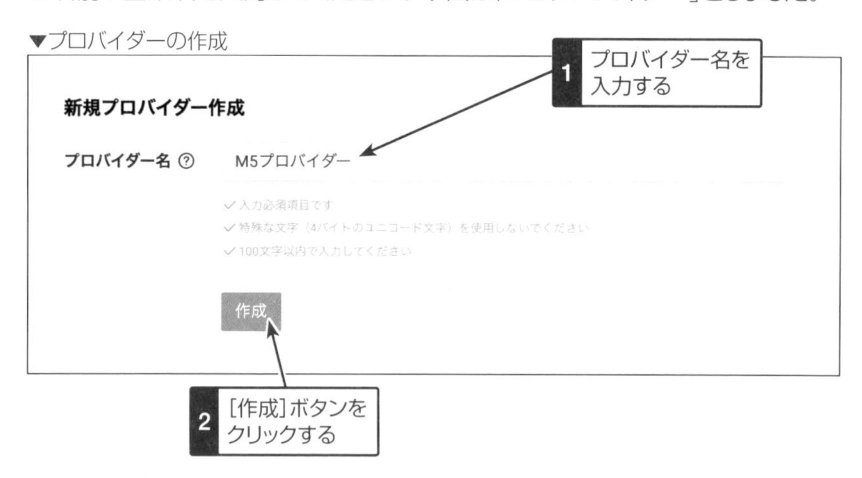

「LINEログイン」をクリックします。

▼チャンネルの種類の選択

チャネル情報を設定します。下記のように設定してください。メールアドレスはご自身のものを設定します。

項目	設定値
①チャネル名	M5LIFF
②チャネル説明	M5LIFF
③アプリタイプ	[ウェブアプリ]と[ネイティブアプリ]の」2つをONにする
④メールアドレス	ご自身のメールアドレス

▼LINEチャネル情報の設定

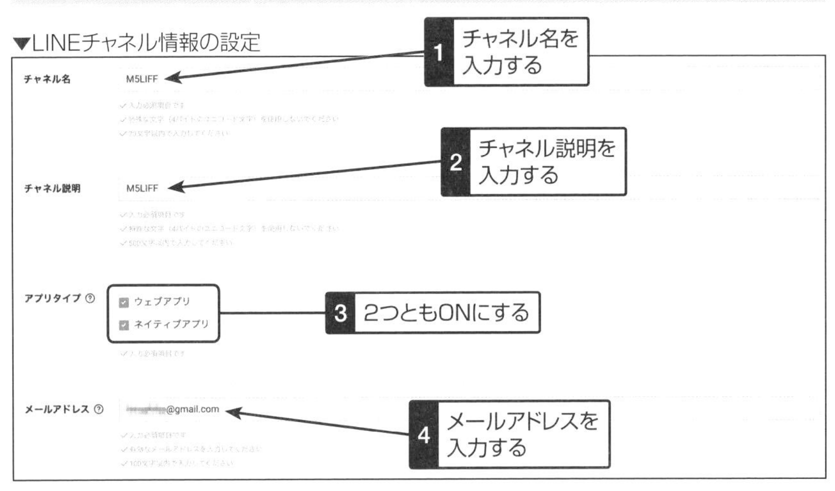

［LINE Developers Agreementの内容に同意します］をONにして、［作成］ボタンをクリックします。

▼規約の同意

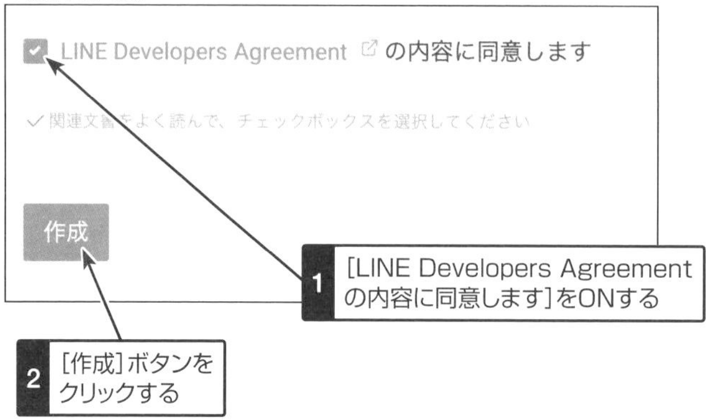

✿ LIFFの設定をする

LIFFとは、LINE Front-end Frameworkの略です。LINEが提供するWebアプリのプラットフォーム上で動作するWebアプリを、LIFFアプリと呼びます。LINEチャットボットの画面からシームレスにWebページが表示できるメリットがあります。

「LIFF」のタブをクリックして［追加］ボタンをクリックします。

▼アプリの追加

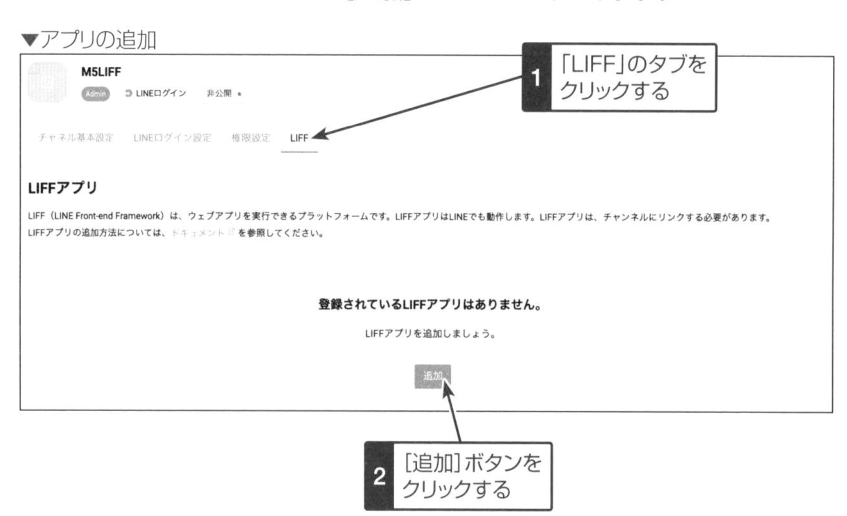

下記のようにLIFFの設定を行い、[追加]ボタンをクリックします。

項目	設定値
①LIFFアプリ名	M5LIFF
②サイズ	Tall
③エンドポイントURL	CHAPTER-7で発行したnetlifyのURL(140ページ参照)
④Scope	[profile]をONにする
⑤ボットリンク機能	[Off]をONにする

▼LIFFの設定項目1

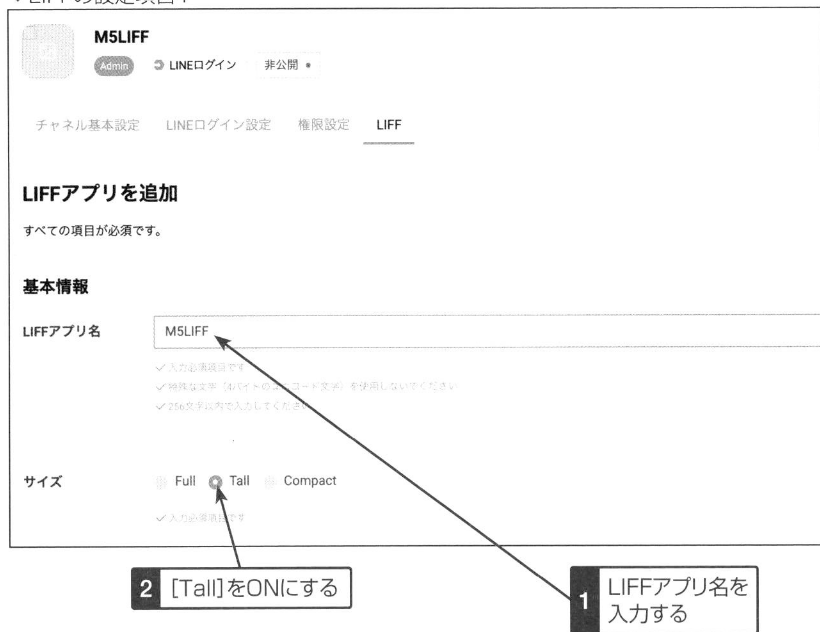

▼LIFFの設定項目2

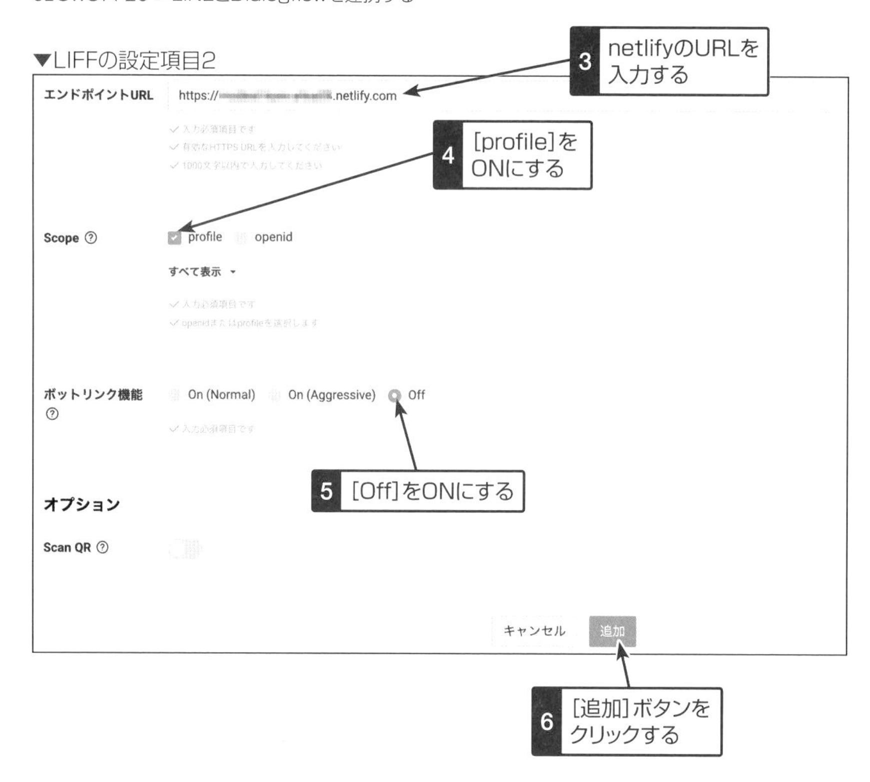

後ほど使うので、発行されたLIFFのURLをメモしておきます。

▼LIFFのURLの確認

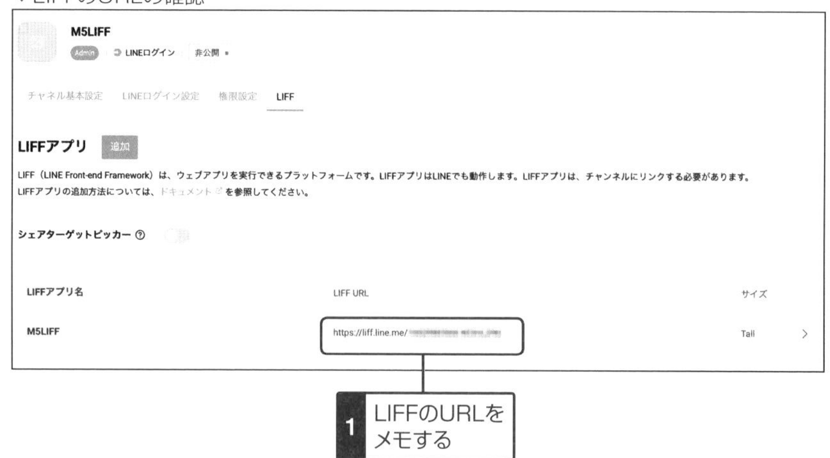

LINEチャットボットチャネルを作成する

M5プロバイダーページに戻ってください。LINEチャットボットチャネルを作成するので、「新規チャネル作成」をクリックします。

▼新規チャネルの作成

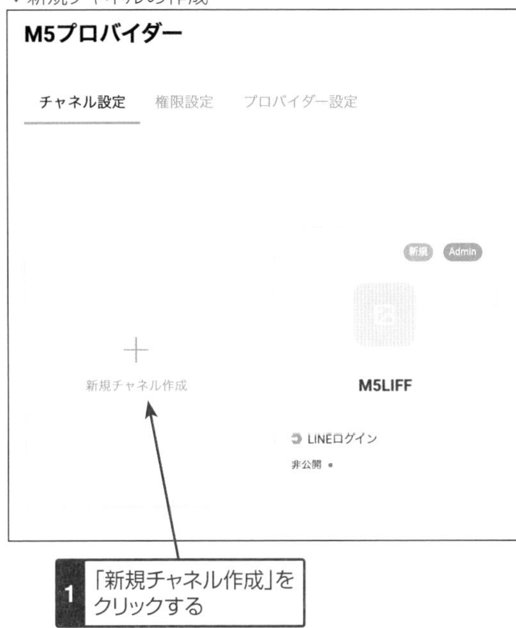

チャネルの種類は「Messaging API」をクリックします。

▼チャンネルの種類の選択

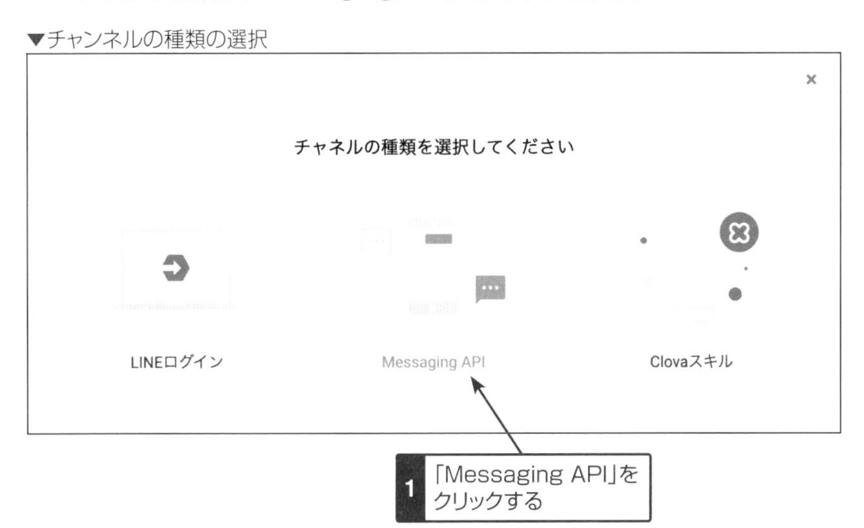

チャネルの設定項目は次の通りです。

項目	設定値
①チャネル名	M5Bot
②チャネル説明	M5Bot
③大業種	個人
④小業種	個人(その他)
⑤メールアドレス	ご自身のメールアドレス

▼チャネルの設定

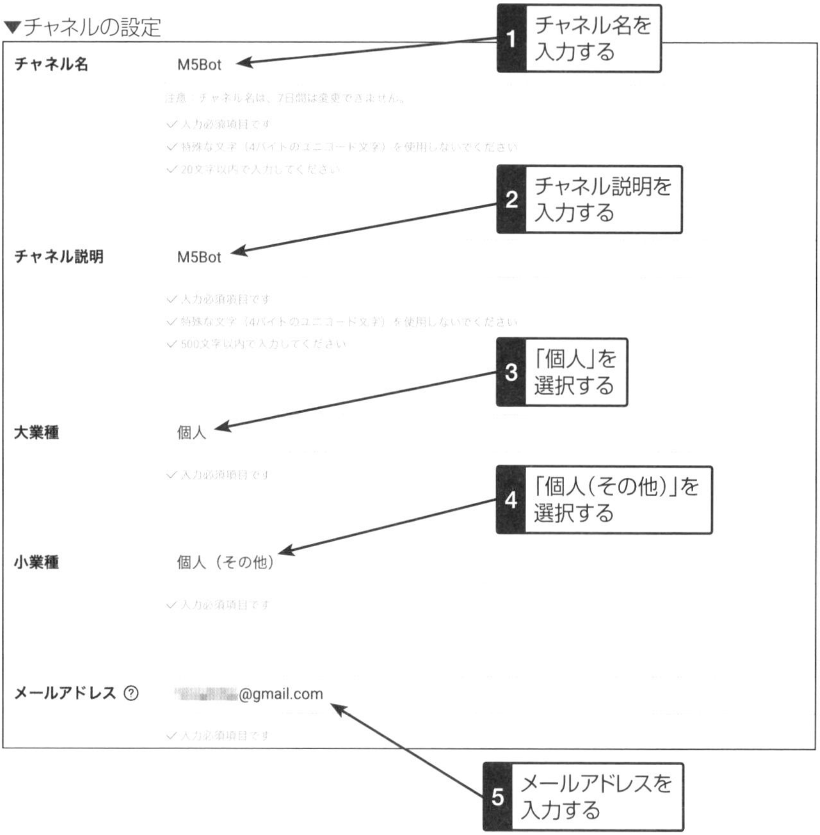

チャネル名　M5Bot

1 チャネル名を入力する

チャネル説明　M5Bot

2 チャネル説明を入力する

大業種　個人

3 「個人」を選択する

小業種　個人（その他）

4 「個人(その他)」を選択する

メールアドレス　@gmail.com

5 メールアドレスを入力する

[LINE公式アカウント利用規約の内容に同意します]と[LINE公式アカウントAPI利用規約の内容に同意します]の2つをONにし、[作成]ボタンをクリックします。

▼利用規約の確認

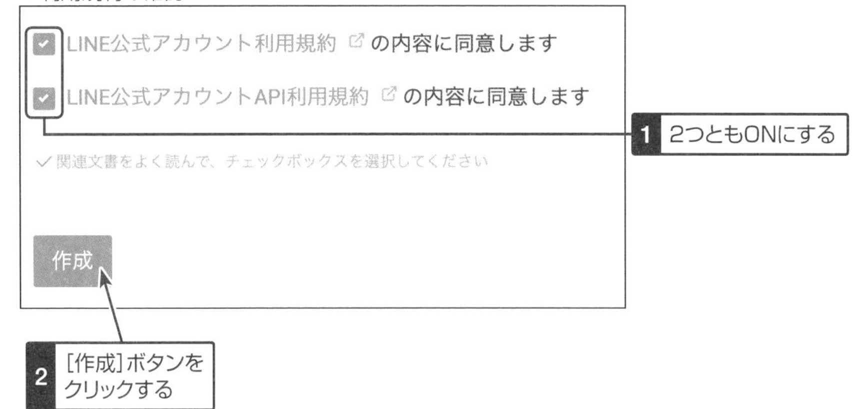

[同意する]ボタンをクリックします。

▼情報利用に関する同意事項の確認

情報利用に関する同意について

LINE 株式会社(以下「当社」)は、サービス改善を目的とし、LINE 公式アカウント/LINE@アカウント等の企業アカウント(以下「OA」)の各種情報を利用しています。OA ご利用にあたり、以下の事項についてご確認及びご同意をお願いいたします。

■ 取得・利用情報

- ユーザーとの間で送受信されるコンテンツ(メッセージ、URL 情報、画像、動画、スタンプ、エフェクト等)の内容
- ユーザーとの間で送受信されるコンテンツの形式、件数、送受信・通話時間、送受信の相手方等(以下「形式等」)及びVoIP(インターネット電話・ビデオ通話)その他各種機能で取り扱われるコンテンツの形式等
- OA 利用時の IP アドレス、各機能の利用時間、受信されたコンテンツの未読既読並びに URL 等のタップやクリック(リンク元情報を含む)、LINE 内ウェブブラウザでの閲覧履歴及び閲覧時間帯等サービス利用履歴、その他プライバシーポリシー記載の情報

■ 取得・利用目的及び第三者への提供

不正利用の防止、サービスの提供・開発・改善や広告配信を行うために上述の情報を利用します。

また、これらの情報は、当社の関連サービスを提供する会社や当社の業務委託先にも共有されることがあります。

なお、OA のご利用に関する権限者以外の方が権限者に代わって本同意をされる場合は、事前に権限者からご承諾を得られますようお願いします。当社が権限者から、本同意をしていないとの連絡を受けた場合、OA の利用を停止することがございます。この場合、当社は一切の責任を負いかねます。

同意する

1 [同意する]ボタンをクリックする

チャネルが作成できたら、「Messaging API設定」タブをクリックし、表示されているQRコードをLINEアプリから読み取って、友だちになっておいてください。

▼QRコードの読み取り

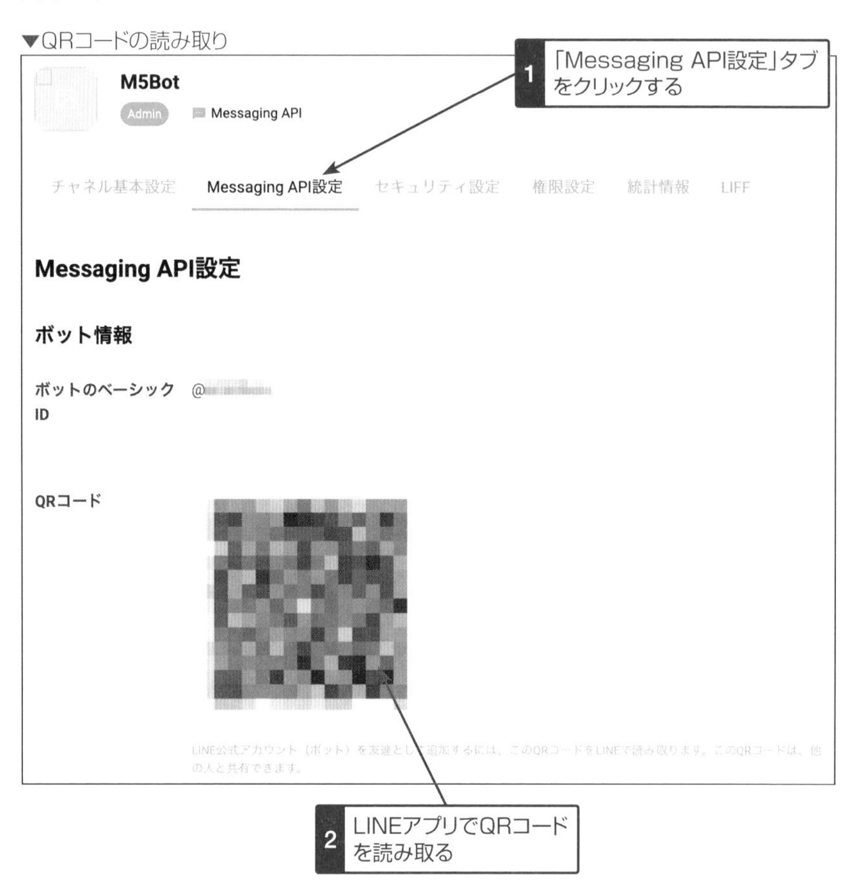

下の方にスクロールすると[チャネルアクセストークン]が表示されます。[発行]ボタンをクリックして、チャネルアクセストークンを発行してください(一度、発行するとボタン名が[再発行]に変わります)。発行されたトークンは後で使うので、メモしておきます。なお、このチャネルアクセストークンは外部に漏れないよう気を付けてください。

メモしたら、応答メッセージの[編集]をクリックします。

▼アクセストークンの発行

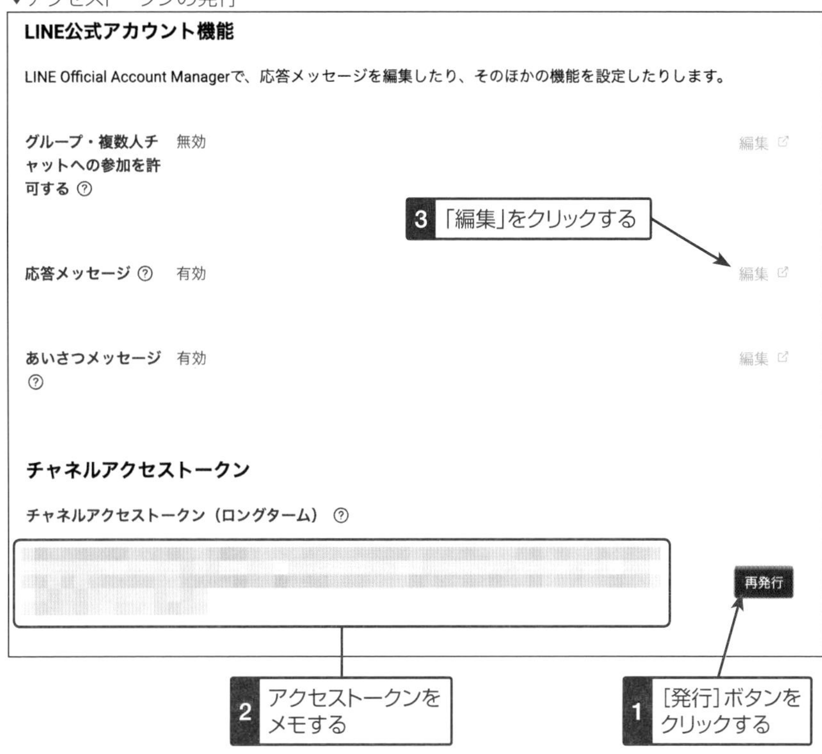

応答メッセージの[編集]をクリックすると別の画面が表示されます。[詳細設定]にある応答メッセージを「オフ」に切り替えます。Webhookは「オン」に切り替えます。その後、[Messaging API設定]ボタンをクリックしてください。

▼応答設定

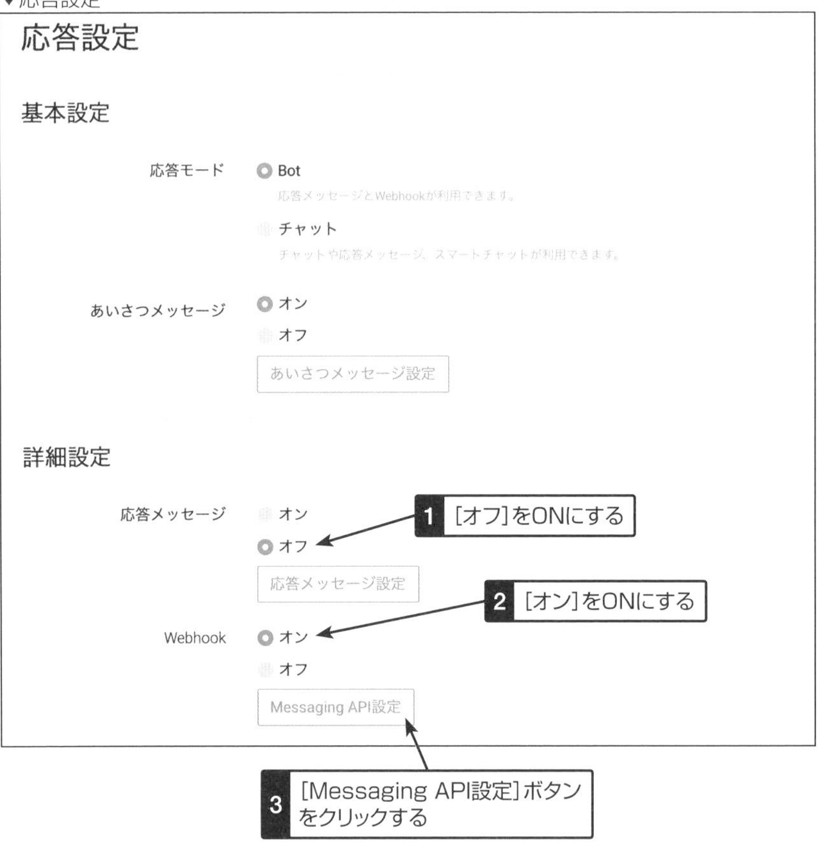

Dialogflow画面の左側メニューにある「Integrations」をクリックしてください。本章の冒頭で説明したさまざまなWebサービスと連携することができます。サービスの中から「LINE」をクリックします。

▼LINEの選択

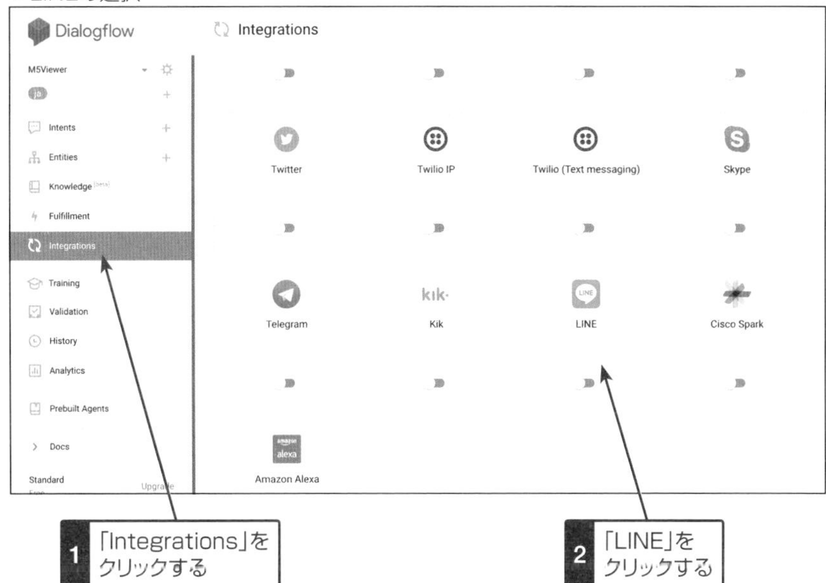

右上のボタンで有効化して、各種値を反映します。Channel ID、Channel secret、チャネルアクセストークンを反映して、Dialogflow側にあるWebhook URLをコピーしてLINE側の設定画面に反映します。すべて設定ができたら[START]ボタンをクリックします。

▼各種設定値の反映

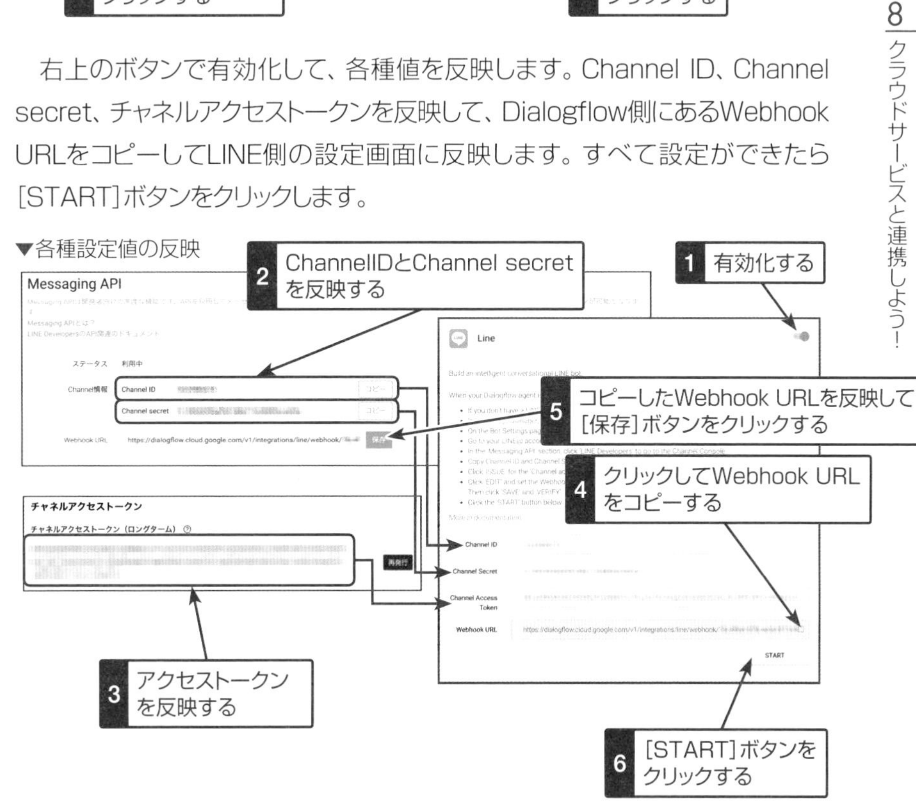

✿ リッチメニューを設定する

LINEチャットボット画面にリッチメニューと呼ばれる簡易的なメニューを表示します。リッチメニューを使うと、視覚的なUIを採用することができて、とてもわかりやすい表現をすることができます。「ホーム」タブの「リッチメニュー」をクリックし、[作成]ボタンをクリックします。

▼リッチメニューの作成

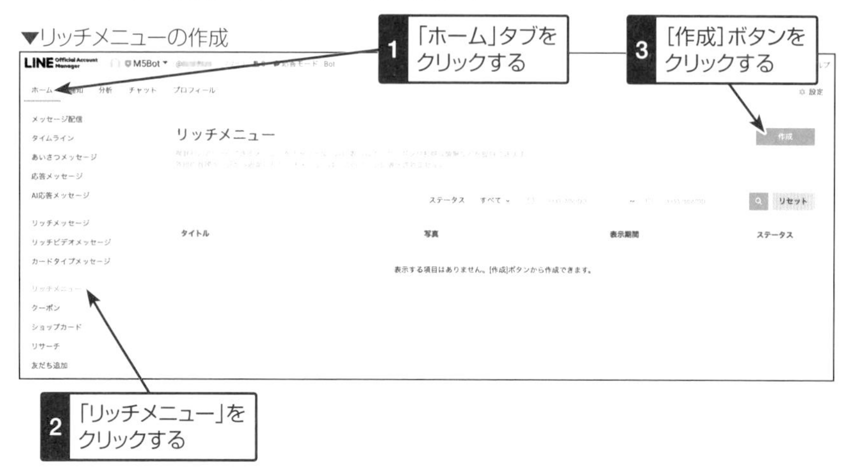

タイトルと表示期間を設定してください。表示期間は、現在日時以前でも問題ありません。

▼タイトルと表示期間の設定

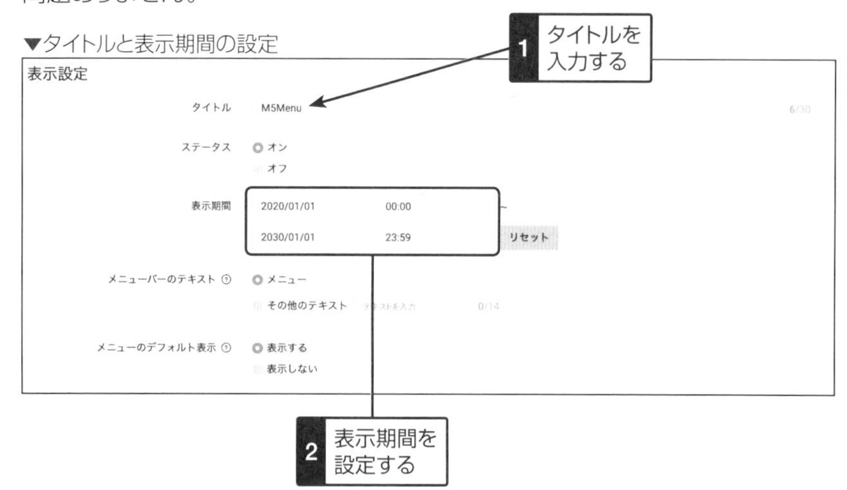

下にスクロールしてコンテンツ設定を行います。リッチメニューのボタン配置のテンプレートを選択します。［テンプレートを選択］ボタンをクリックします。

▼テンプレートの選択画面の表示

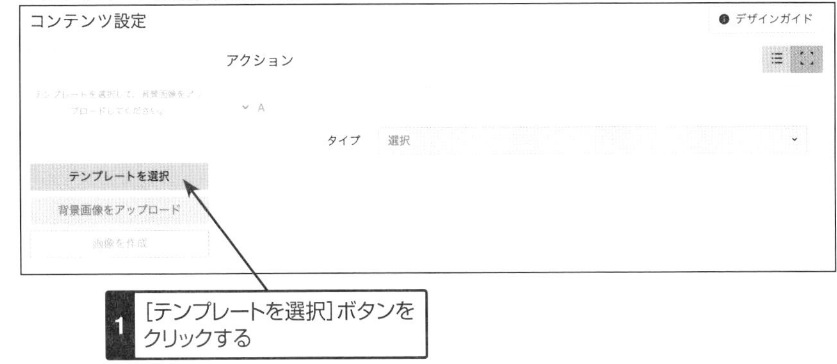

さまざまなボタン配置テンプレートを選択できます。今回は右上のボタンが3個あるメニューを使います。

▼テンプレートの選択

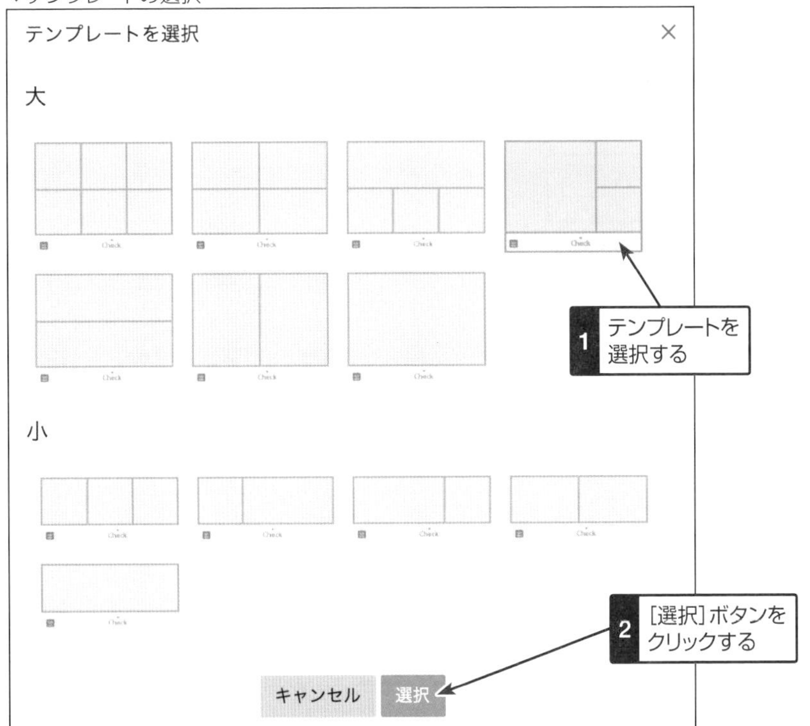

アクションの設定を行います。タイプA～Cにボタンを押したときのアクションを追加します。アクションの設定は下記の通りです。

項目	設定値
①タイプA	リンク(LIFFのURLを貼り付ける) https://liff.line.me/xxxxxxxxx-xxxxxxx
②タイプB	テキスト 「M5Stackの値」と入力する
③タイプC	テキスト 「M5StickCの値」と入力する

▼アクションの設定

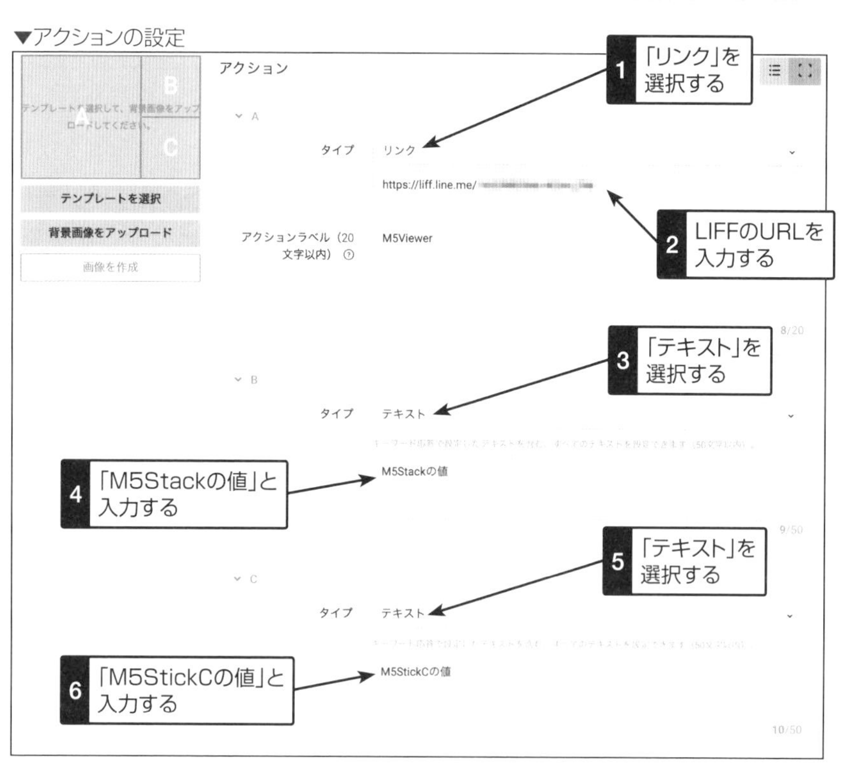

このままだと寂しいメニューになるので、背景画像を設定します。オリジナルの背景画像を作成することができるので、試してみましょう。［画像を作成］ボタンをクリックします。

▼画像の作成画面の表示

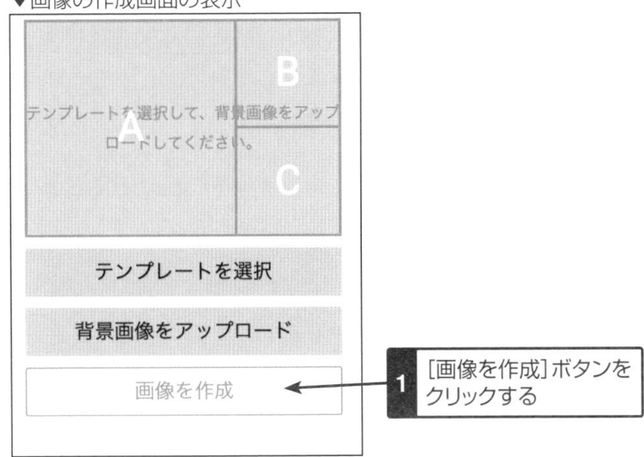

画像を作成するためのツールが用意されているので、簡単なメニューであればこのツールで作成することができます。変更したいエリアをクリックすると編集することができます。画像をアップロードすることができるので、色々と試してみましょう。画像編集できたら、右上の[適用]ボタンをクリックします。

▼画像の作成

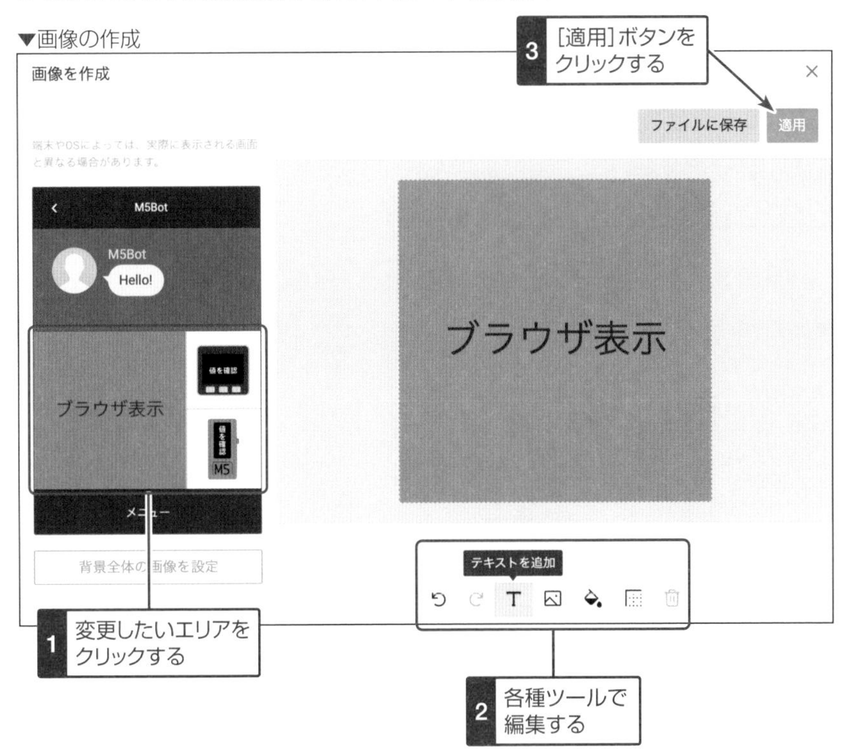

確認ダイアログが表示されるので、画像を保存するか、適用するかを選択します。画像を保存するチャンスはこのときしかないので、保存したい方は[ファイルに保存]ボタンをクリックして画像を保存してください。[適用]ボタンをクリックします。

▼画像の適用

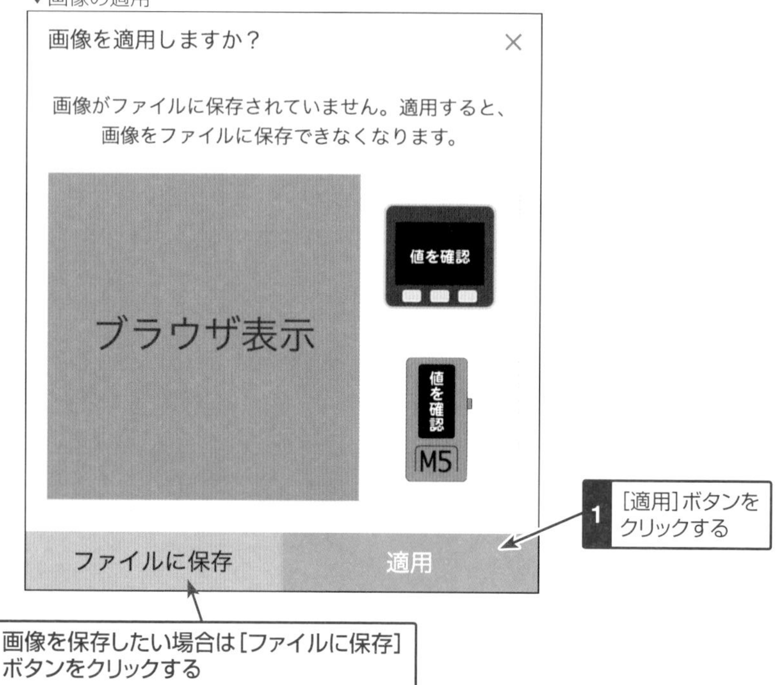

背景画像が適用されているのを確認したら、[保存]ボタンをクリックします。

▼設定の保存

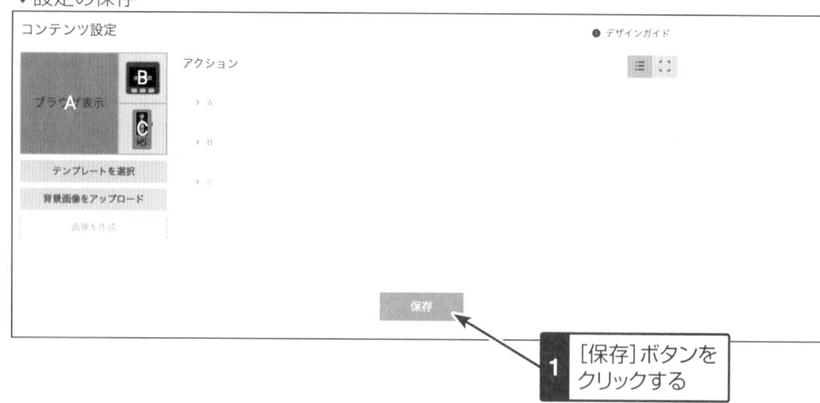

✿ LINEで動作確認する

友だちになっているM5BotをLINEアプリから開いてください。先ほど設定したリッチメニューが表示されています。①のエリアをタップするとM5Stackの値が返ってきます。②のエリアをタップするとM5StickCの値が返ってきます。③のエリアをタップすると許可承認ページが表示されるので、[許可する]ボタンをタップしてください。チャット画面の下からブラウザが表示され、netlifyで設定しているWebページが表示されます。

▼LINEでの動作確認

LINEを応用すれば、センサーの異常値に反応してチャットボットが教えてくれる機能が実現できます。クラウド技術と連携して面白いサービスを作ってみましょう。

SECTION 21 LINE Beacon化しよう

LINE Beaconとは、店舗や自動販売機などに設置されたビーコン端末（Bluetooth発信機）から配信されるクーポン情報やセール情報、特別なメッセージなどをLINE公式アカウントを経由してLINEで受信できるサービスです。ビーコン端末のIDを取得して、ユーザーの位置情報取得に使えます。

▼LINE Beacon

今回使うものはLINE Simple Beaconです。LINE Simple Beaconとは、シンプルなビーコン端末化ができるサービスで、クーポンの配信といった機能はなく、必要最低限の機能しかありませんが、BLE（Bluetooth Low Energy）が使える端末であれば、簡単にLINE Beacon化することができます。

M5Stack／M5StickCはBLEが使えるので、LINE Beacon端末化することができます。

新規チャネルを作成する

ビーコン用の新規チャネルを作成します。［新規チャネル作成］ボタンをクリックします。

▼新規チャネルの作成

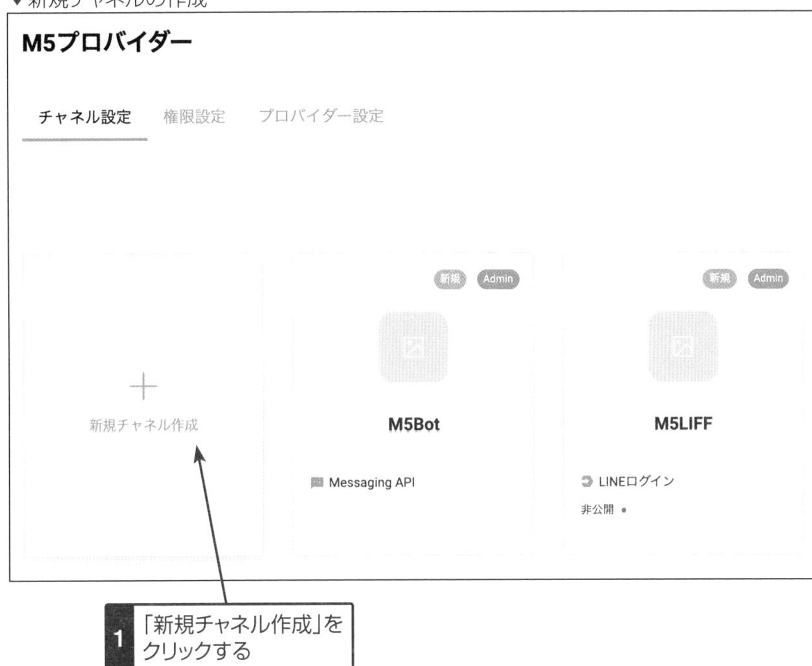

チャンネルの種類として「Messaging API」をクリックします。

▼チャンネルの種類の選択

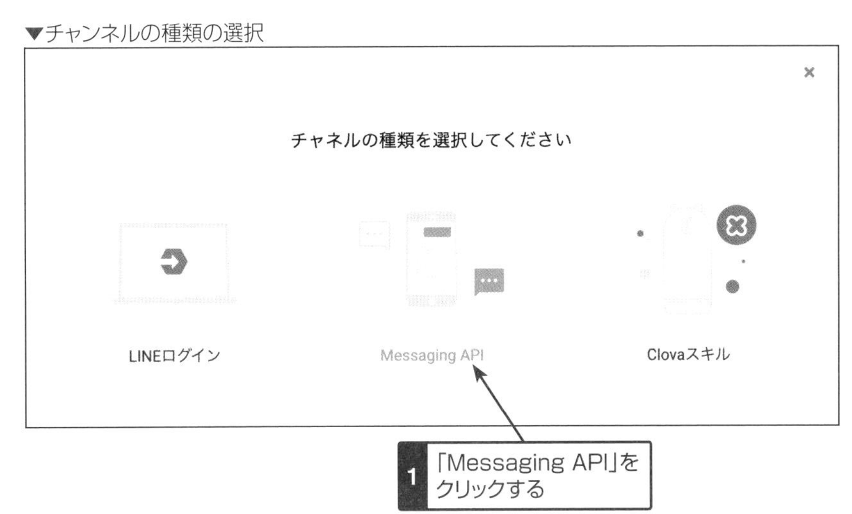

各チャネル情報を入力します。

項目	設定値
①チャネル名	M5Beacon
②チャネル説明	M5Beacon
③大業種	個人
④小業種	個人（その他）
⑤メールアドレス	ご自身のメールアドレス

▼チャネル情報の入力

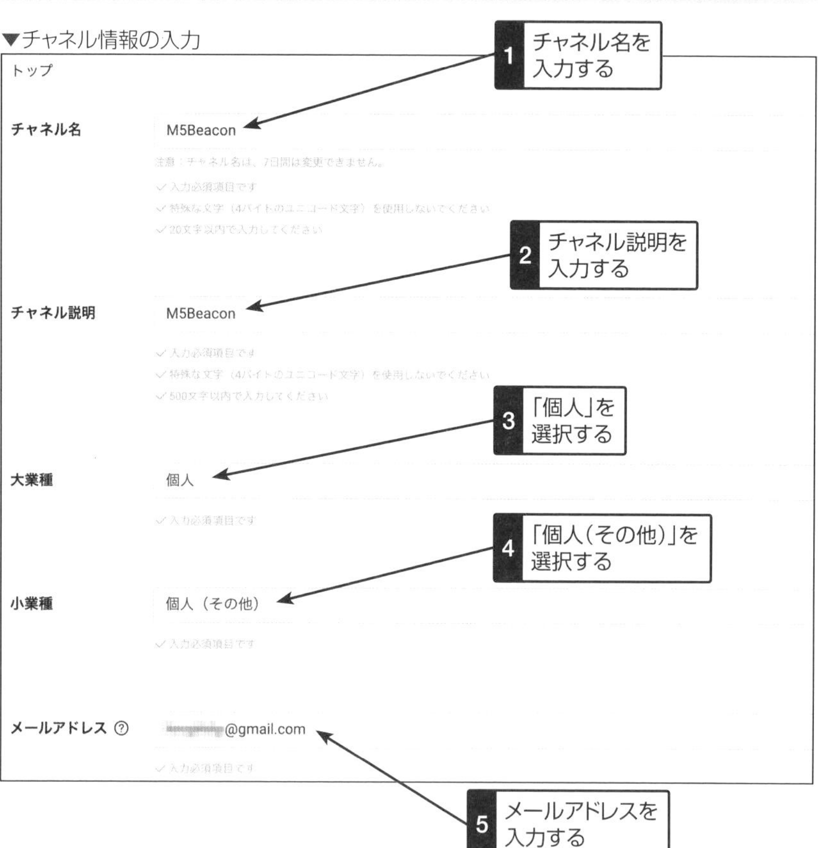

［LINE公式アカウント利用規約の内容に同意します］と［LINE公式アカウントAPI利用規約の内容に同意します］の2つをONにし、［作成］ボタンをクリックします。

▼利用規約の確認

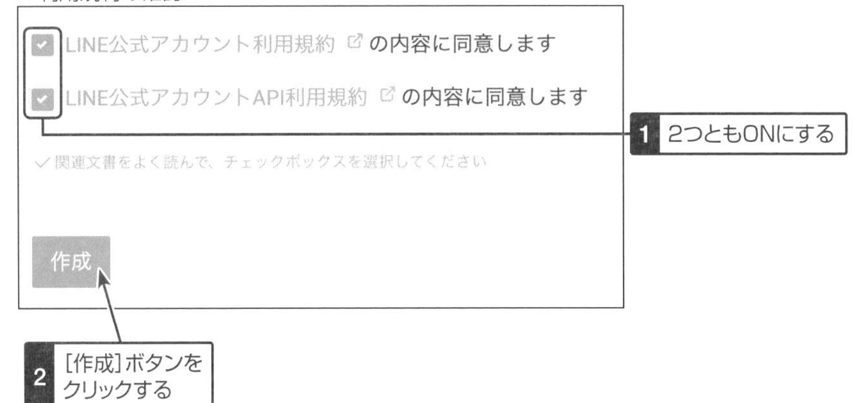

［同意する］ボタンをクリックします。

▼情報利用に関する同意事項の確認

情報利用に関する同意について

LINE 株式会社(以下「当社」)は、サービス改善を目的とし、LINE 公式アカウント/LINE@アカウント等の企業アカウント(以下「OA」)の各種情報を利用しています。OA ご利用にあたり、以下の事項についてご確認及びご同意をお願いいたします。

■ 取得・利用情報

- ユーザーとの間で送受信されるコンテンツ(メッセージ、URL 情報、画像、動画、スタンプ、エフェクト等)の内容
- ユーザーとの間で送受信されるコンテンツの形式、件数、送受信・通話時間、送受信の相手方等(以下「形式等」)及びVoIP(インターネット電話・ビデオ通話)その他各種機能で取り扱われるコンテンツの形式等
- OA 利用時の IP アドレス、各機能の利用時間、受信されたコンテンツの未読既読並びに URL 等のタップやクリック(リンク元情報を含む)、LINE 内ウェブブラウザでの閲覧履歴及び閲覧時間帯等サービス利用履歴、その他プライバシーポリシー記載の情報

■ 取得・利用目的及び第三者への提供

不正利用の防止、サービスの提供・開発・改善や広告配信を行うために上述の情報を利用します。

また、これらの情報は、当社の関連サービスを提供する会社や当社の業務委託先にも共有されることがあります。

なお、OA のご利用に関する権限者以外の方が権限者に代わって本同意をされる場合は、事前に権限者からご承諾を得られますようお願いします。当社が権限者から、本同意をしていないとの連絡を受けた場合、OA の利用を停止することがございます。この場合、当社は一切の責任を負いかねます。

同意する

1 ［同意する］ボタンをクリックする

チャネルが作成されたら、「Messaging API設定」タブをクリックし、表示されているQRコードをLINEアプリから読み取って、友だちになっておいてください。

▼QRコードの読み取り

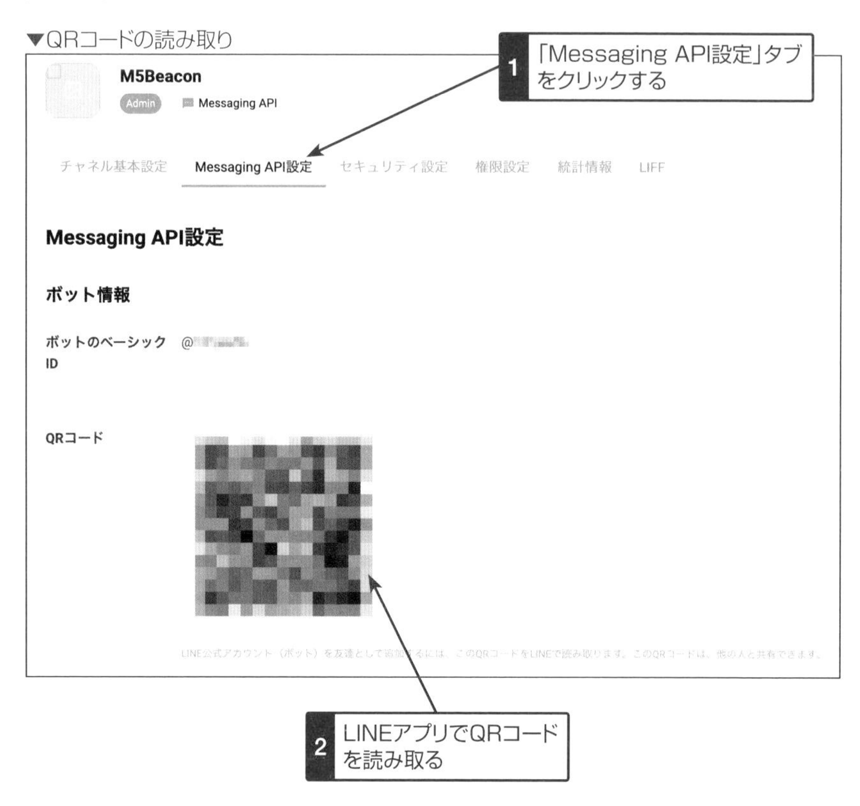

下の方にスクロールすると[チャネルアクセストークン]が表示されます。[発行]ボタンをクリックして、チャネルアクセストークンを発行してください(一度、発行するとボタン名が[再発行]に変わります)。発行されたトークンは後で使うので、メモしておきます。なお、このチャネルアクセストークンは外部に漏れないよう気を付けてください

メモしたら、応答メッセージの[編集]をクリックします。

▼アクセストークンの発行

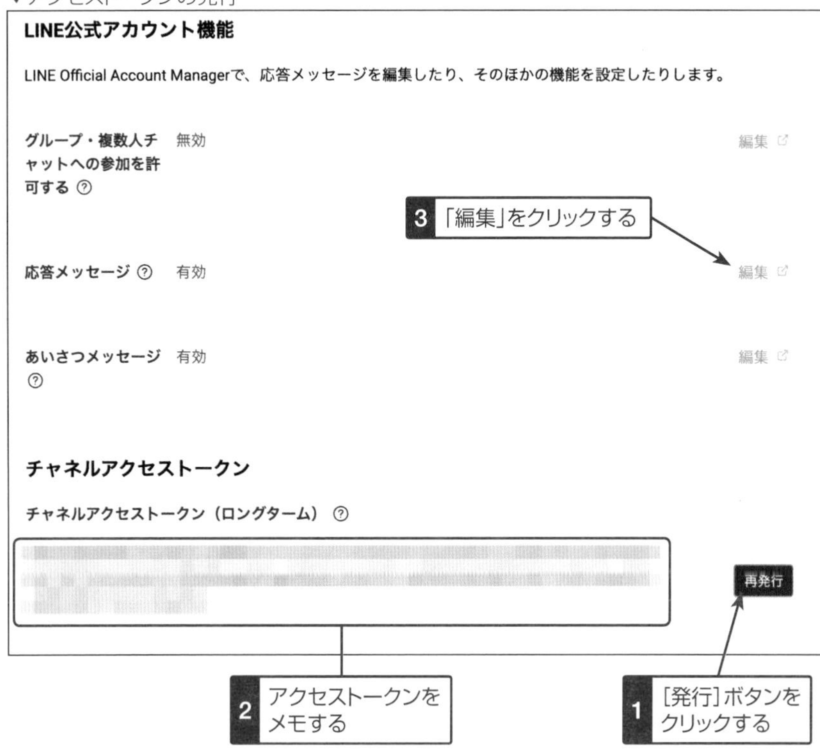

応答メッセージの[編集]をクリックすると別の画面が表示されます。[詳細設定]にある応答メッセージを「オフ」に切り替えます。Webhookは「オン」に切り替えます。その後、[Messaging API設定]ボタンをクリックしてください。

▼応答設定

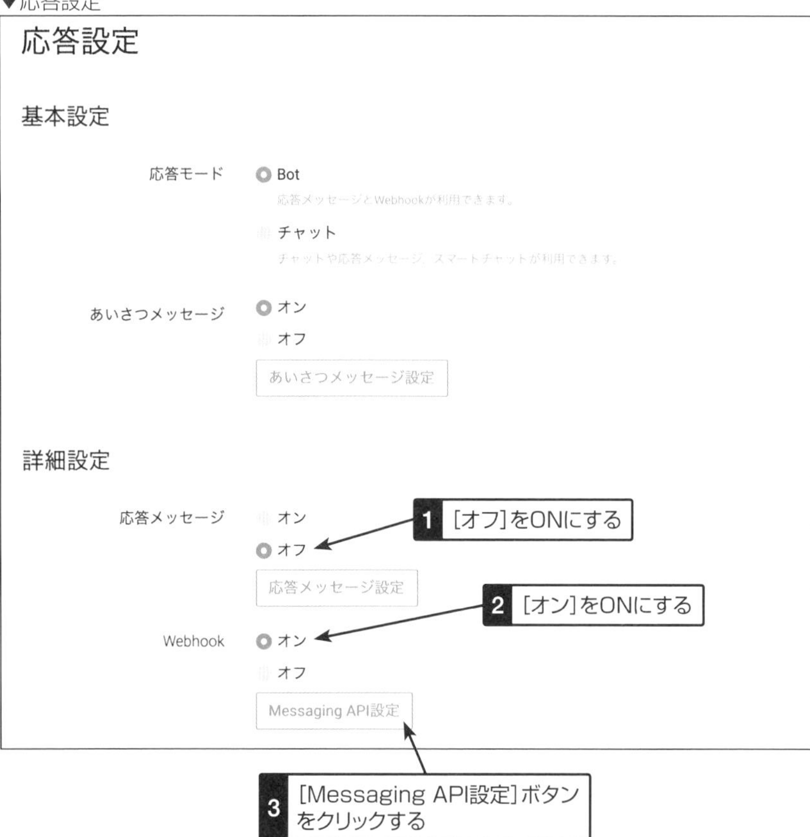

Channel secretの値をメモしておきます。Webhook URLは後ほど設定します。

▼Channel secretの確認

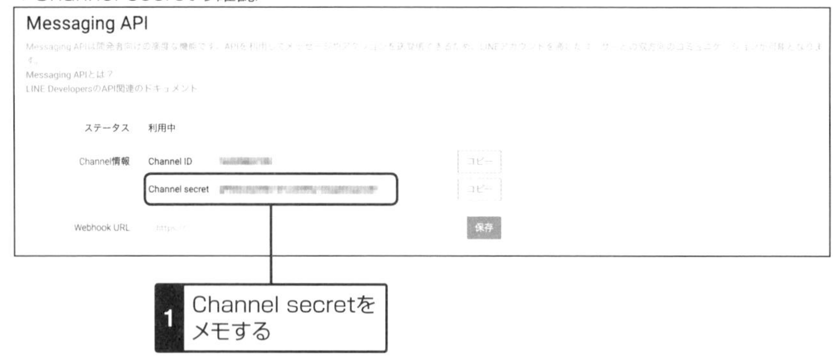

✿ スプレッドシートを新規作成する

スプレッドシートにどの端末が近づいたのかを把握するためにプログラムを設定します。初回は「名無しさん」になりますが、近づいた人のUUID情報がわかるので、スプレッドシートに名前を更新して誰が来たのかわかるようにします。

下記のURLにアクセスして、スプレッドシートを新規作成します。スプレッドシート名は「ビーコン情報」として、ヘッダーに「UUID」と「名前」を設定しました。

URL https://sheets.google.com/create

▼スプレッドシート名とヘッダー名の入力

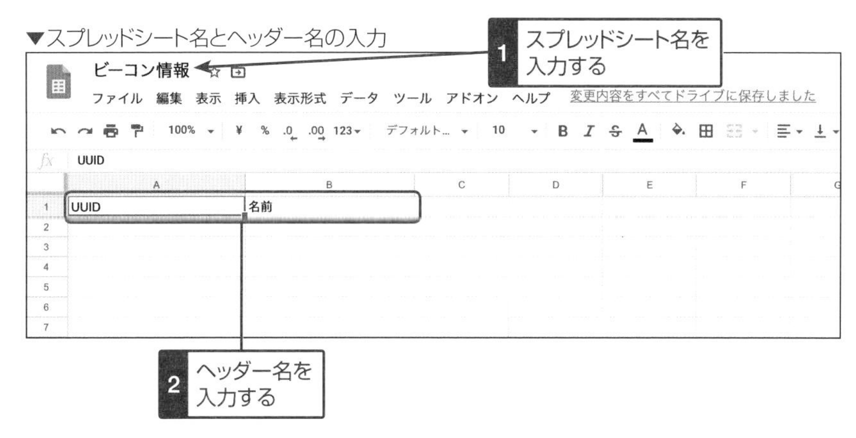

✿ スクリプトを記述する

次にスクリプトを記述します。メニューから[ツール]→[スクリプトエディタ]を選択します。

▼スクリプトエディタの表示

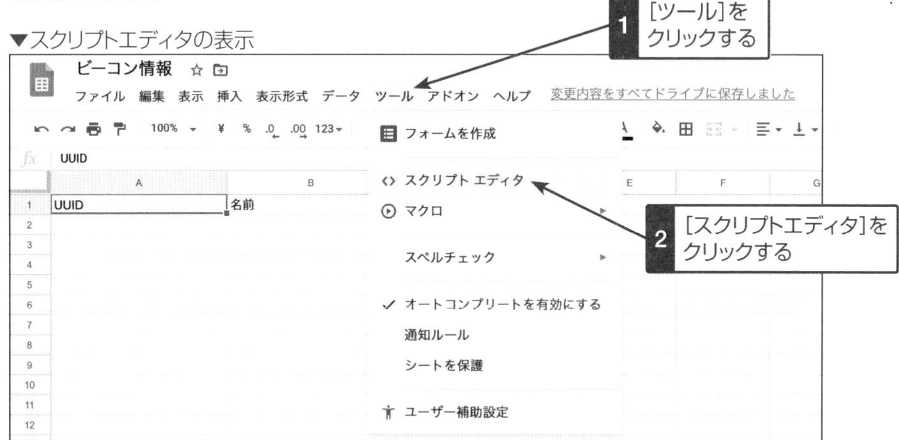

すでに書かれているコードは削除して、下記のコードを記載してください。

SOURCE CODE

```
 1: function setUUID(sheet, val) {
 2:   sheet.insertRows(2,1);
 3:   sheet.getRange(2, 1).setValue(val);
 4:   sheet.getRange(2, 2).setValue("名無しさん");
 5: }
 6: 
 7: // UUID検索
 8: function findUUID(sheet, uuid) {
 9:   var values = sheet.getDataRange().getValues();
10: 
11:   for (var i = values.length - 1; i > 0; i--) {
12:     var val = values[i][0];
13:     if (val == uuid) {
14:       // 名前を取得
15:       return values[i][1];
16:     }
17:   }
18: 
19:   // UUID追加
20:   setUUID(sheet, uuid);
21: 
22:   return "名無しさん";
23: }
24: 
25: function doPost(e) {
26:   var sheet = SpreadsheetApp.getActiveSpreadsheet().getSheetByName
    ('シート1');
27:   var params = JSON.parse(e.postData.getDataAsString());
28:   var uuid = params.uuid;
29: 
30:   // UUID検索
31:   var retval = findUUID(sheet, uuid);
32: 
33:   var output = ContentService.createTextOutput();
34:   output.setMimeType(ContentService.MimeType.JSON);
35:   output.setContent(JSON.stringify({ name: retval }));
36: 
37:   return output;
38: }
```

▼コードの記載

無題のプロジェクト

ファイル　編集　表示　実行　公開　リソース　ヘルプ

myFunction

コード.gs　＊コード.gs

```
1  function setUUID(sheet, val) {
2    sheet.insertRows(2,1);
3    sheet.getRange(2, 1).setValue(val);
4    sheet.getRange(2, 2).setValue("名無しさん");
5  }
6
7  // UUID検索
8  function findUUID(sheet, uuid) {
9    var values = sheet.getDataRange().getValues();
10
11   for (var i = values.length - 1; i > 0; i--) {
12     var val = values[i][0];
13     if (val == uuid) {
14       // 名前を取得
15       return values[i][1];
16     }
17   }
18
19   // UUID追加
20   setUUID(sheet, uuid);
21
22   return "名無しさん";
23 }
24
25 function doPost(e) {
26   var sheet = SpreadsheetApp.getActiveSpreadsheet().getSheetByName('シート1');
27   var params = JSON.parse(e.postData.getDataAsString());
28   var uuid = params.uuid;
29
30   // UUID検索
31   var retval = findUUID(sheet, uuid);
32
33   var output = ContentService.createTextOutput();
34   output.setMimeType(ContentService.MimeType.JSON);
35   output.setContent(JSON.stringify({ name: retval }));
36
37   return output;
38 }
```

1 コードを入力する

スクリプトを公開する

作成したスクリプトを公開します。メニューから[公開]→[ウェブアプリケーションとして導入]を選択します。

▼[ウェブアプリケーションとして導入]の選択

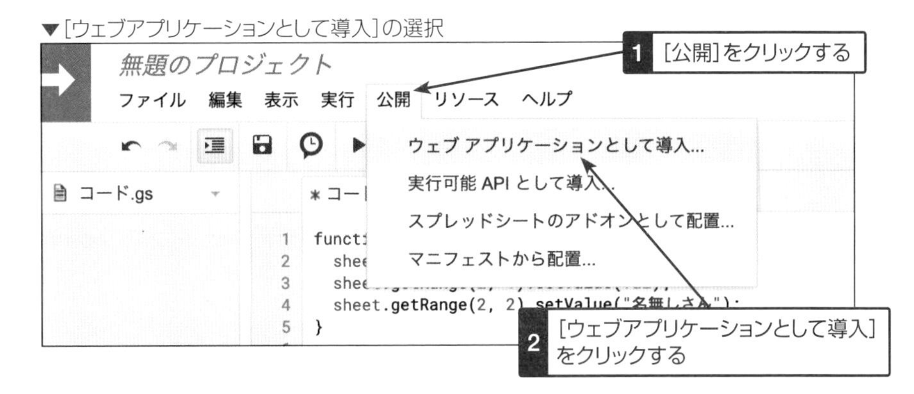

プロジェクト名は「ビーコン情報」と入力します。

▼プロジェクト名の設定

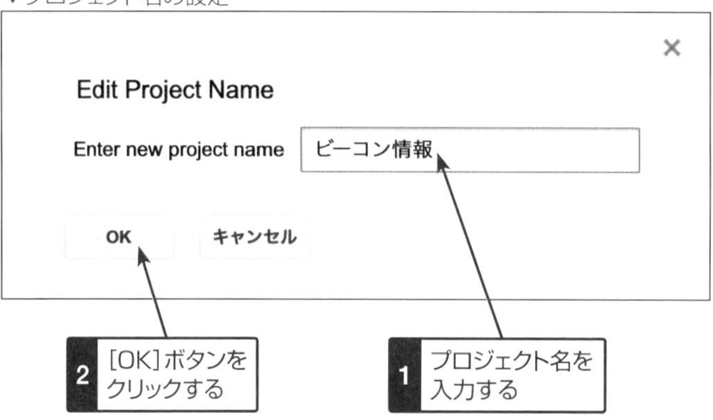

アクセス対象者としてプルダウンメニューから「Anyone, even anonymous」を選択し、[Deploy]ボタンをクリックします。

▼アクセス対象者を設定してDeployする

［許可を確認］ボタンをクリックします。

▼許可の確認

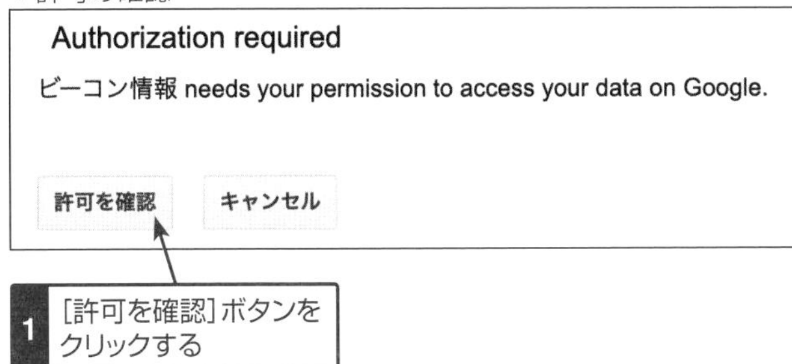

アクセスさせるGoogleアカウントを選択します。

▼Googleアカウントの選択

「詳細を表示」をクリックして、「ビーコン情報(安全ではないページ)に移動」をクリックします(「詳細を表示」をクリックすると「詳細を非表示」に表示が変わります)。

▼「ビーコン情報(安全ではないページ)に移動をクリック

このアプリは確認されていません

このアプリは、Google による確認が済んでいません。よく知っている信頼できるデベロッパーの場合に限り続行してください。

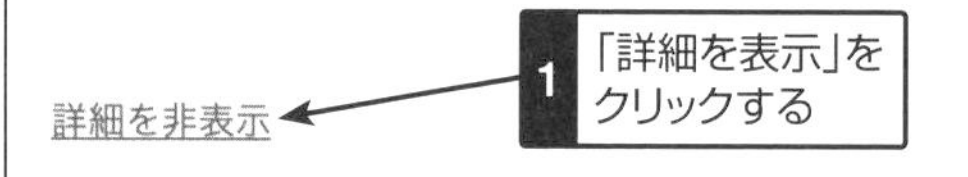

安全なページに戻る

Google ではまだこのアプリを確認していないため、アプリの信頼性を保証できません。未確認のアプリは、あなたの個人データを脅かす可能性があります。 詳細

ビーコン情報（安全ではないページ）に移動

2 「ビーコン情報(安全ではないページ)に移動」をクリックする

[許可]ボタンをクリックします。

▼Googleアカウントへのアクセスの許可

ビーコン情報 が Google アカウントへのアクセスをリクエストしています

@gmail.com

ビーコン情報 に以下を許可します:

- Google ドライブのスプレッドシートの表示、編集、作成、削除

ビーコン情報 を信頼できることを確認

機密情報をこのサイトやアプリと共有する場合があります。 ビーコン情報 の利用規約とプライバシー ポリシーで、ユーザーのデータがどのように取り扱われるかをご確認ください。 アクセス権の確認、削除は、Google アカウントでいつでも行えます。

リスクの詳細

キャンセル　許可

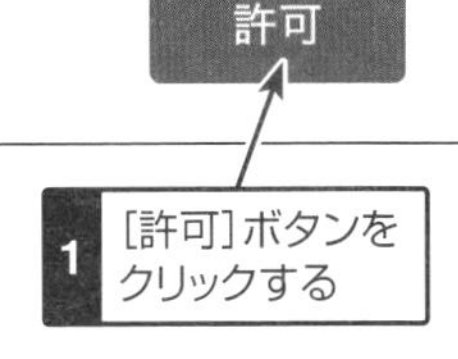

デプロイされたURLをメモしておきます。

▼URLをメモする

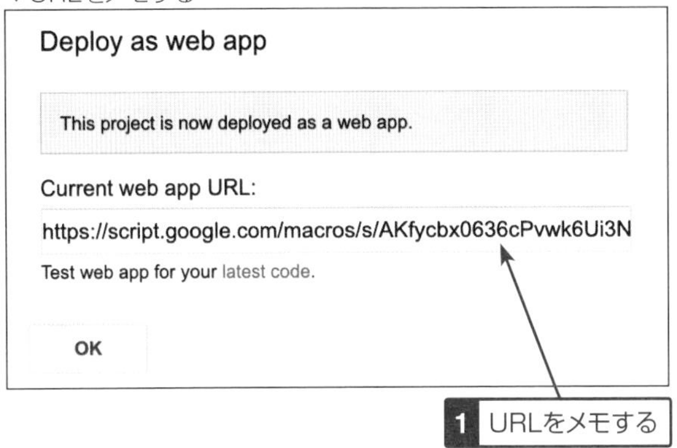

ビーコンプログラムをダウンロードする

下記のコマンドを実行してGitHubからすでに用意しているプログラムをダウンロードしてください。コマンドの中の ` と \ はコマンドが長いときなどに改行するための記号です。実際にはこの記号を入力せず、1行で入力して構いません（記号を使って改行する場合、Windowsのコマンドプロンプトでは ` の変わりに ^ を使ってください）。

▼Windowsの場合

```
> cd %homepath%\Documents\
> git clone https://github.com/gaomar/m5-linebeacon-demo.git && `
code m5-linebeacon-demo
```

▼Macの場合

```
$ cd ~/Documents/
$ git clone https://github.com/gaomar/m5-linebeacon-demo.git && \
code m5-linebeacon-demo
```

Visual Studio Codeが起動するので、ターミナルウィンドウを開いて下記のコマンドを実行し、必要モジュールをインストールしてください。

```
$ npm i
```

▼必要なモジュールのインストール

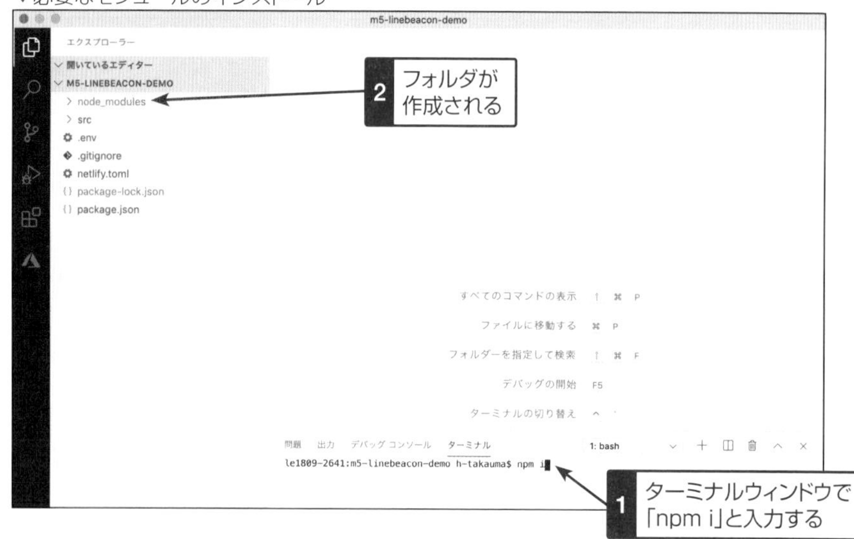

環境設定値を反映する

環境設定値を反映します。Visual Studio Codeの `netlify.toml` ファイルを開いてください。これまでに取得してきた、LINE BotのChannel secretとアクセストークンとGASのデプロイURLを反映します。ファイルを編集したら、必ず保存してください。ファイル内にあるダブルクォーテーションは削除しないように気を付けてください。

▼環境設定値の反映

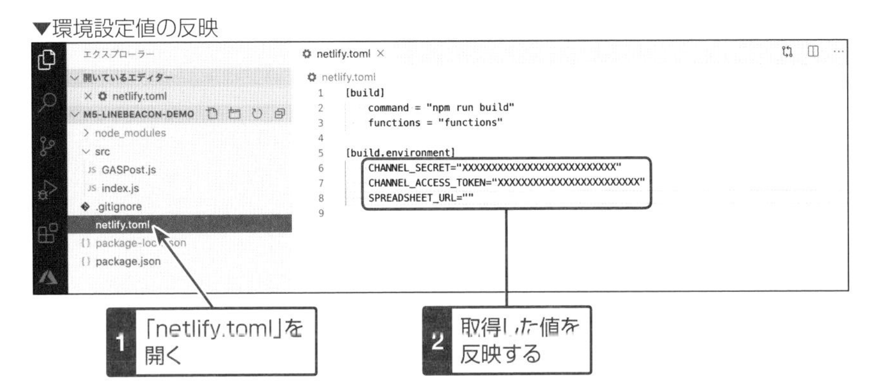

GitHubにリポジトリを作成する

GitHubにリポジトリを作成してください。下記URLにアクセスしてお持ちのGitHubアカウントでログインしてください。

URL https://github.com/new

リポジトリ名はお好き名前にしてください。今回は「my-m5-linebeacon-demo」としました。プライベートリポジトリを必ず選択してください。`netlify.toml` ファイルにアクセストークンを明記するので、Publicだと設定値が誰でも見えてしまいますので気を付けてください。［Create repository］ボタンをクリックしてください。

▼リポジトリの設定

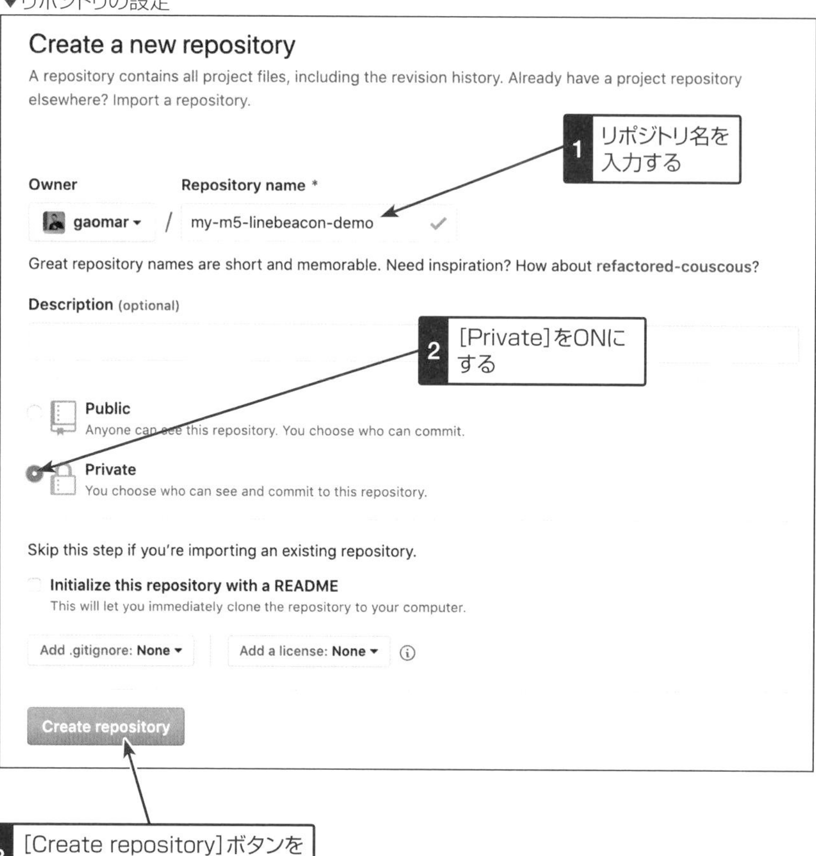

作成されたGitHubリポジトリのURLをメモしておきます。

▼リポジトリのURLをメモする

GitHubにプッシュする

既存の `.git` ファイルを一度削除します。Visual Studio Codeのターミナルウィンドウで下記コマンドを実行してください。

▼Windowsの場合

```
> del /F .git
> git init
```

▼Macの場合

```
$ rm -rf .git
$ git init
```

下記のコマンドを実行して既存プログラムをGitHubにプッシュします。途中にあるプッシュ先のURLは先ほどメモしたURLに変えてください。これでGitHub上にプログラムがプッシュされました。

```
$ git init
$ git add -A
$ git commit -m "初回コミット"
$ git remote add origin https://github.com/ご自身のGitHub先.git
$ git push -u origin master
```

netlifyと連携する

netlifyにアクセスして、先ほどプッシュしたGitHubとnetlifyを連携します。連携するとローカルで実行せずにクラウド上でGitHubにプッシュしたプログラムを実行することができます。10万5000回プログラムが呼び出されるまで無料で使うことができます。CHAPTER-7で行ったときは、ビルドしたフォルダをドラッグ&ドロップするだけで使えました。今回はGitHubと連携してビルドからデプロイまでnetlifyですべて完結する流れを解説します。下記のURLにアクセスしてください。

URL https://www.netlify.com/

[New site from Git]ボタンをクリックします。

▼新規サイトの作成

[GitHub]ボタンをクリックします。

▼GitHubの選択

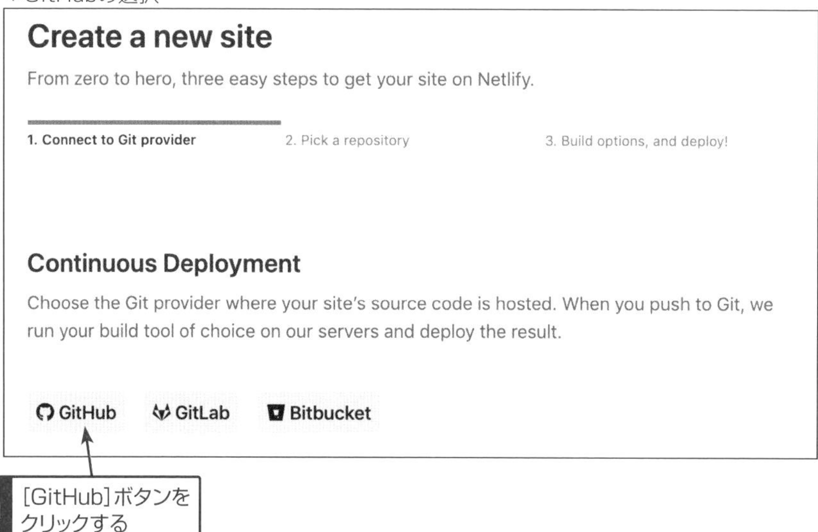

「Add another organization」をクリックします。

▼リポジトリの選択画面の表示

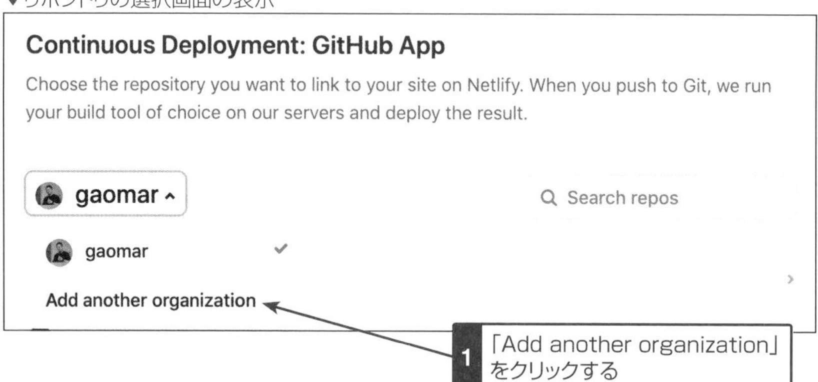

[Only select repositories]をONにし、作成したGitリポジトリを選択します。左下にある[Save]ボタンをクリックします。

▼作成したリポジトリ名の選択

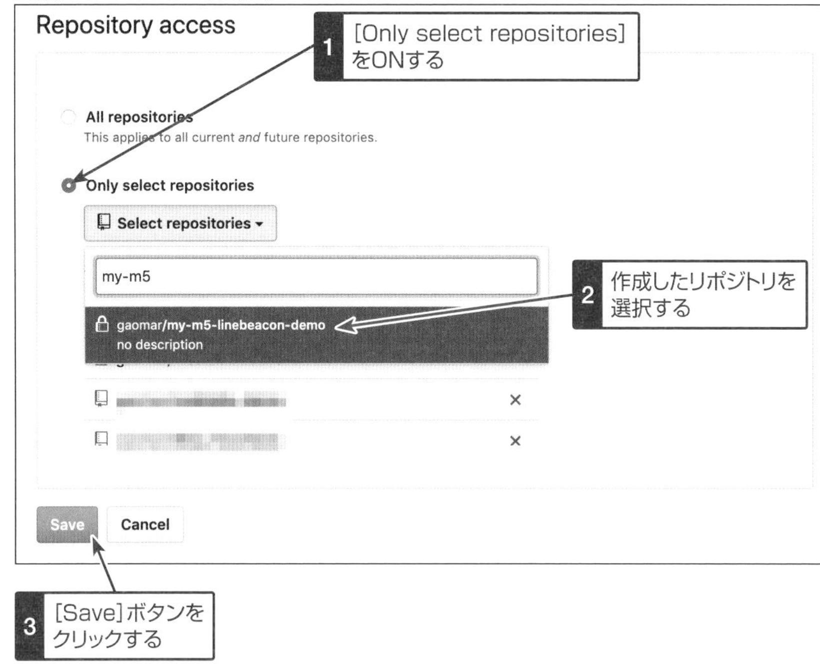

作成したリポジトリ名をクリックします。

▼リポジトリの選択

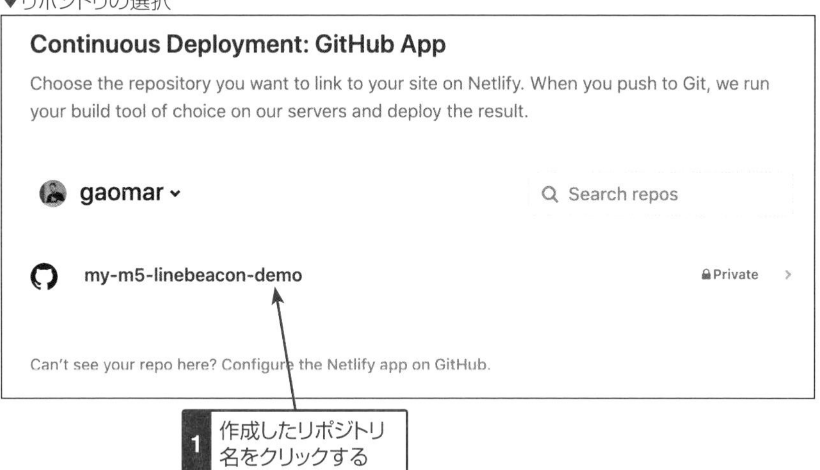

画面左下にある[Deploy site]ボタンをクリックします。

▼サイトのデプロイ

Create a new site
From zero to hero, three easy steps to get your site on Netlify.
1. Connect to Git provider
2. Pick a repository
3. Build options, and deploy!
Deploy settings for gaomar/my-m5-linebeacon-demo
Get more control over how Netlify builds and deploys your site with these settings.
Owner
がおまる's team
Branch to deploy
master
Basic build settings
If you're using a static site generator or build tool, we'll need these settings to build your site.
Learn more in the docs ↗
Build command
npm run build
Publish directory
Show advanced
Deploy site
1 [Deploy site]ボタンをクリックする

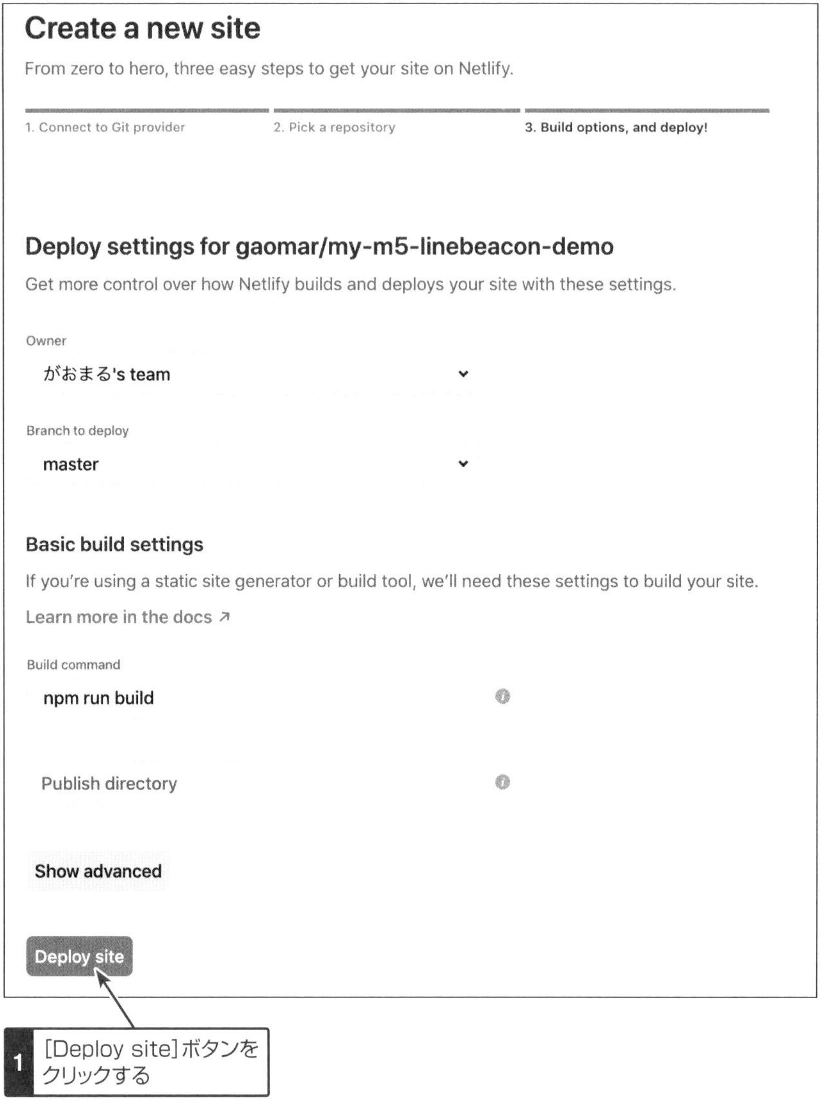

デプロイにはしばらく時間がかかります。

デプロイが完了したら「Functions」タブをクリックして、「index.js」をクリックします。

▼「index.js」の選択

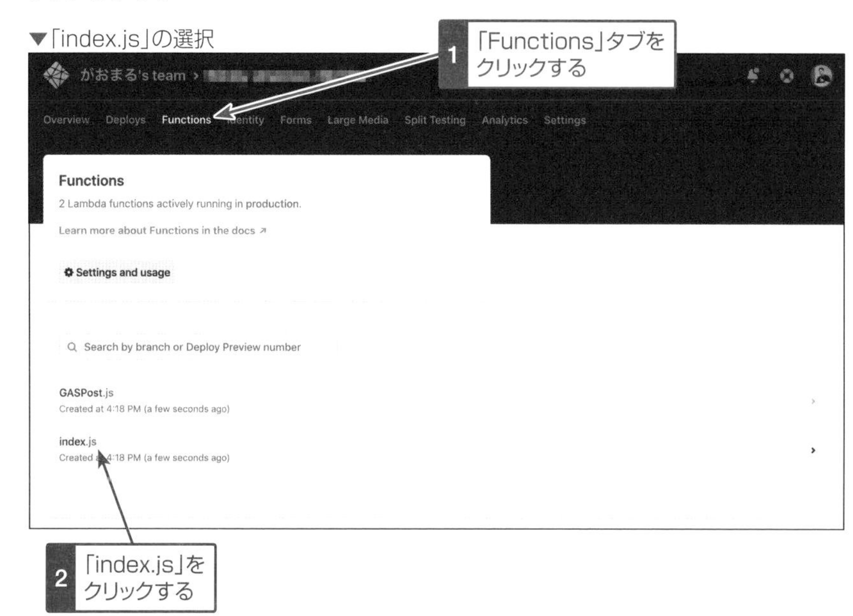

発行されたURLをメモしておきます。

▼URLをメモする

LINEのMessaging API画面で、先ほどメモしたURLの末尾に「/linebot」と追加して[保存]ボタンをクリックします。

```
https://xxxxxx-xxxxxxxx-xxxxxx.netlify.com/.netlify/functions/index/linebot
```

▼Messaging APIのWebhookの設定

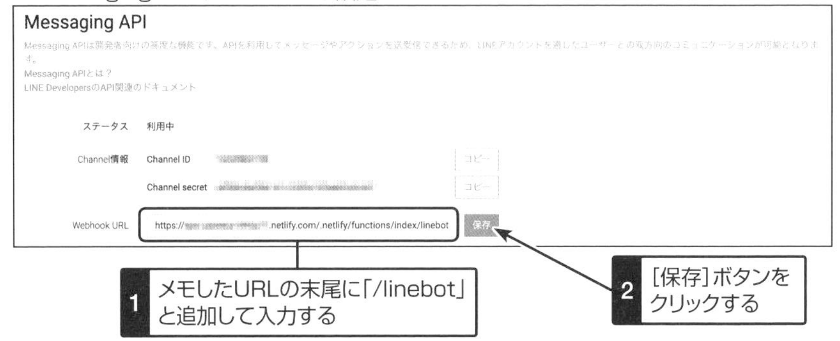

ハードウェアIDを発行する

下記のURLにアクセスして、[LINE Simple BeaconのハードウェアIDを発行]ボタンをクリックします。LINEボットとビーコンを紐付けるハードウェアIDを発行することができます。

URL https://manager.line.biz/beacon/register

▼ハードウェアIDの発行画面の表示

アカウントリストから作成した「M5Beacon」ボットにある[選択]ボタンをクリックします。

▼アカウントの選択

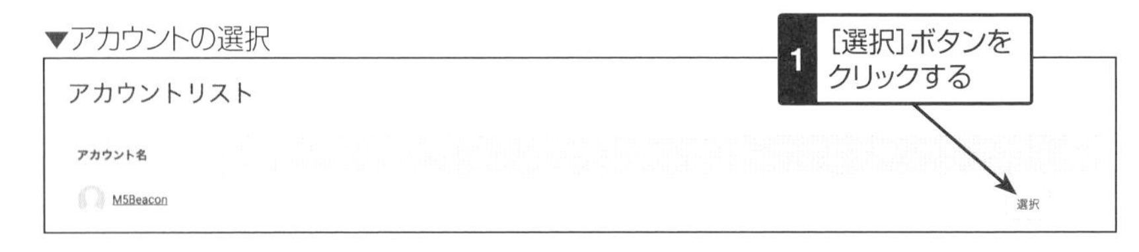

［ハードウェアIDを発行］ボタンをクリックして、発行されたハードウェアIDをメモしておきます。最大10台まで発行することができます。

▼ハードウェアIDの発行

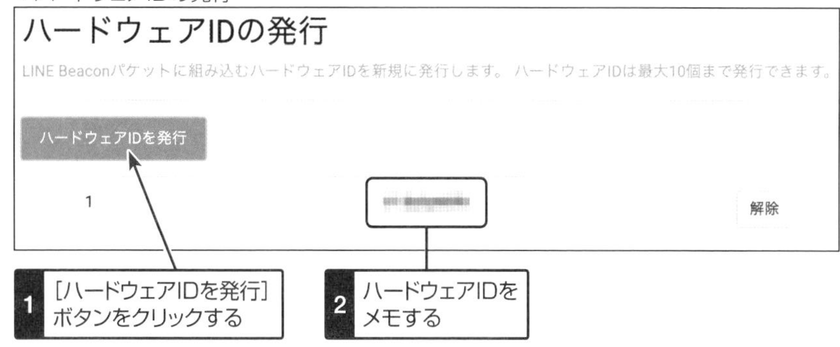

M5StackをLINE Beacon化する

M5Stackは下記コードを書き込んでください。Arduino IDEを開いて下記のコードを記載します。20行目にある `HWID` は先ほど取得したハードウェアIDに変えてください。

SOURCE CODE

```
 1: #include <M5Stack.h>
 2: #include <string>
 3: #include "BLEDevice.h"
 4: #include "BLEAdvertising.h"
 5:
 6: /**
 7:  * Bluetooth TX power level(index), it's just a index corresponding to
    power(dbm).
 8:  * * ESP_PWR_LVL_N12 (-12 dbm)
 9:  * * ESP_PWR_LVL_N9  (-9 dbm)
10:  * * ESP_PWR_LVL_N6  (-6 dbm)
11:  * * ESP_PWR_LVL_N3  (-3 dbm)
12:  * * ESP_PWR_LVL_N0  ( 0 dbm)
13:  * * ESP_PWR_LVL_P3  (+3 dbm)
14:  * * ESP_PWR_LVL_P6  (+6 dbm)
15:  * * ESP_PWR_LVL_P9  (+9 dbm)
16:  */
17: #define POWER_LEVEL ESP_PWR_LVL_P9
18:
```

```
19: // 発行したハードウェアIDを書き換える
20: #define HWID "xxxxxxxxxx"
21: bool beaconFlg = false;
22:
23: BLEAdvertising *pAdvertising;
24:
25: std::string hexEncode(std::string raw) {
26:   const char *hexMap = "0123456789abcdef";
27:   std::string hex = "";
28:   for(int i=0; i<raw.size(); i++) {
29:     hex += hexMap[(raw[i] >> 4) & 0x0F];
30:     hex += hexMap[raw[i] & 0x0F];
31:   }
32:   return hex;
33: }
34:
35: int htoi (unsigned char c)
36: {
37:   if ('0' <= c && c <= '9') return c - '0';
38:   if ('A' <= c && c <= 'F') return c - 'A' + 10;
39:   if ('a' <= c && c <= 'f') return c - 'a' + 10;
40:   return 0;
41: }
42:
43: std::string hexDecode(std::string hex) {
44:   if (hex.size() % 2) return "";
45:   std::string raw = "";
46:   for(int i=0; i<hex.size(); i+=2) {
47:     raw += (char) ( htoi(hex[i]) * 16 + htoi(hex[i+1]) );
48:   }
49:   return raw;
50: }
51:
52: bool setLINEBeacon (std::string hwid, std::string msg) {
53:   // check hwid
54:   if (hwid.size() != 5 || msg.size() > 13) return false;
55:
56:   BLEAdvertisementData oAdvertisementData = BLEAdvertisementData();
57:   BLEAdvertisementData oScanResponseData = BLEAdvertisementData();
58:   BLEUUID line_uuid("FE6F");
59:
```

```
60:   // flag
61:   // LE General Discoverable Mode (2)
62:   // BR/EDR Not Supported (4)
63:   oAdvertisementData.setFlags(0x06);
64:
65:   // LINE Corp UUID
66:   oAdvertisementData.setCompleteServices(line_uuid);
67:
68:   // Service Data
69:   std::string payload = "";
70:   payload += (char) 0x02; // Frame Type of the LINE Simple Beacon Frame
71:   payload += hwid; // HWID of LINE Simple Beacon
72:   payload += 0x7F; // Measured TxPower of the LINE Simple Beacon Frame
73:   payload += msg; // Device message of LINE Simple Beacon Frame
74:   oAdvertisementData.setServiceData(line_uuid, payload);
75:
76:   pAdvertising->setAdvertisementData(oAdvertisementData);
77:   pAdvertising->setScanResponseData(oScanResponseData);
78:   return true;
79: }
80:
81: void setup() {
82:   M5.begin();
83:   BLEDevice::init("");
84:   esp_ble_tx_power_set(ESP_BLE_PWR_TYPE_ADV, POWER_LEVEL);
85:   pAdvertising = BLEDevice::getAdvertising();
86:
87:   M5.Lcd.setTextSize(3);
88:   M5.Lcd.setCursor(10, 100);
89:   M5.Lcd.print("Push Btn B");
90: }
91:
92: void loop()
93: {
94:   if (M5.BtnB.wasReleased()) {
95:     if (!beaconFlg) {
96:       // LINE BeaconをONにする
97:       setLINEBeacon(hexDecode(HWID), hexEncode(std::string((const
    char*) BLEDevice::getAddress().getNative(), 6)));
98:       pAdvertising->start();
99:       M5.Lcd.fillScreen(BLACK);
```

```
100:         M5.Lcd.setTextSize(3);
101:         M5.Lcd.setCursor(10, 100);
102:         M5.Lcd.print("LINE Beacon [ON]");
103:         beaconFlg = true;
104:       } else {
105:         // LINE BeaconをOFFにする
106:         //// LINE Beaconをストップする機能は現在動作しないようです。下記
     URLを参考にしてください。
107:         //// https://github.com/nkolban/esp32-snippets/issues/797
108:         pAdvertising = BLEDevice::getAdvertising();
109:         pAdvertising->stop();
110:         M5.Lcd.fillScreen(BLACK);
111:         M5.Lcd.setTextSize(3);
112:         M5.Lcd.setCursor(10, 100);
113:         M5.Lcd.print("LINE Beacon [OFF]");
114:         beaconFlg = false;
115:       }
116:     }
117:   M5.update();
118: }
```

LINE Beaconを有効化にする

LINEアプリの設定ページにある「プライバシー管理」→「情報の提供」から「LINE Beacon」をONにしてください。「同意して利用開始」ボタンをクリックしてLINE Beaconを有効化にします。

▼LINE Beaconの有効化

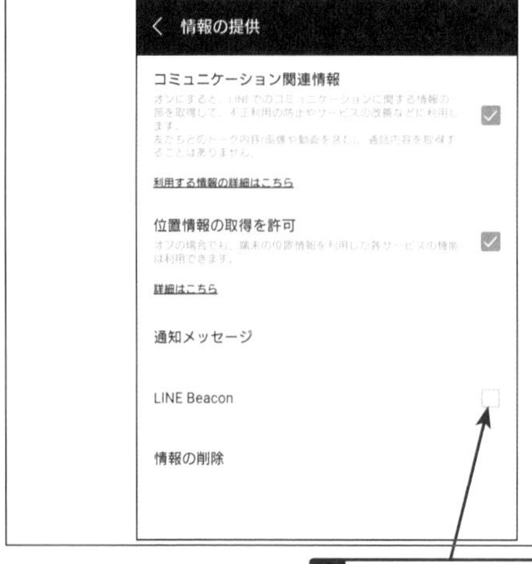

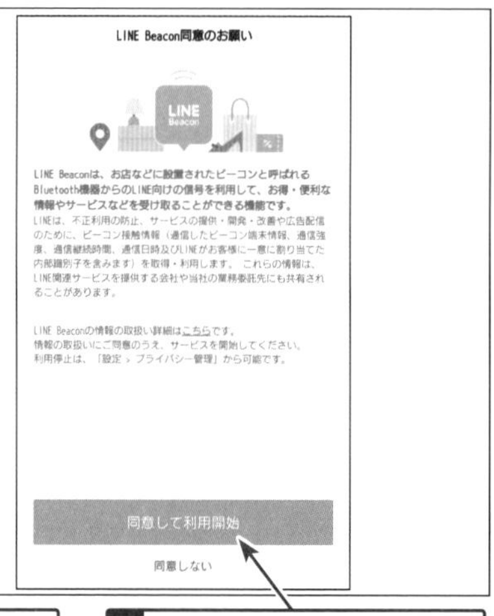

1 「LINE Beacon」をONする

2 [同意して利用開始]ボタンをクリックする

M5StackのBボタンを押すと、LINE BeaconがONになります。

▼Bボタンを押す

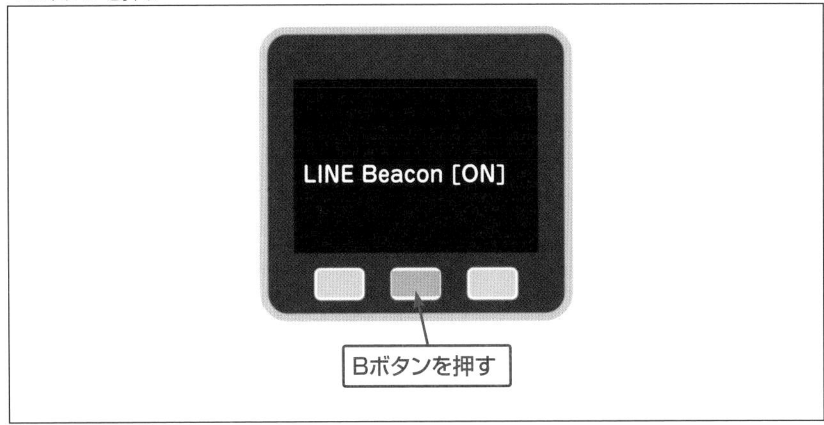

動作確認する

LINEボットと友だちになっているスマートフォンをM5Stackに近づけてください。するとスプレッドシートにUUIDが自動的に明記されて、LINE Botに「こんにちは 名無しさん さん!」とメッセージが送られます。該当するUUIDの名前列を変更して、一度、機内モードにして解除すると再度確認することができます。今度は変更後の名前でメッセージが送られてきます。

▼スプレッドシートに明記されメッセージが送られる

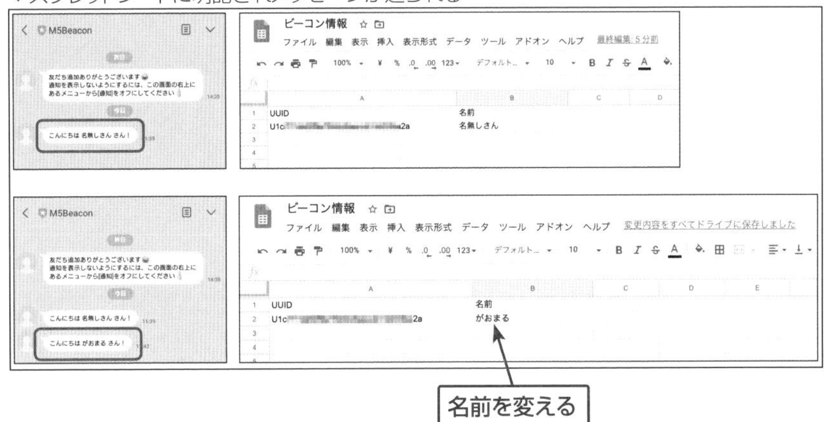

M5StickCをLINE Beacon化する

M5StickCのプログラムは下記のコードを記載してください。M5Stack同様にハードウェアIDを書き換えて、Aボタン(ホームボタン)を押すと、LINE BeaconがONになります。

SOURCE CODE

```
 1: #include <M5StickC.h>
 2: #include <string>
 3: #include "BLEDevice.h"
 4: #include "BLEAdvertising.h"
 5: 
 6: /**
 7:  * Bluetooth TX power level(index), it's just a index corresponding to
    power(dbm).
 8:  * * ESP_PWR_LVL_N12 (-12 dbm)
 9:  * * ESP_PWR_LVL_N9  (-9 dbm)
10:  * * ESP_PWR_LVL_N6  (-6 dbm)
11:  * * ESP_PWR_LVL_N3  (-3 dbm)
12:  * * ESP_PWR_LVL_N0  ( 0 dbm)
13:  * * ESP_PWR_LVL_P3  (+3 dbm)
14:  * * ESP_PWR_LVL_P6  (+6 dbm)
15:  * * ESP_PWR_LVL_P9  (+9 dbm)
16:  */
17: #define POWER_LEVEL ESP_PWR_LVL_P9
18: 
19: // 発行したハードウェアIDを書き換える
20: #define HWID "xxxxxxxxxx"
21: bool beaconFlg = false;
22: 
23: BLEAdvertising *pAdvertising;
24: 
25: std::string hexEncode(std::string raw) {
26:   const char *hexMap = "0123456789abcdef";
27:   std::string hex = "";
28:   for(int i=0; i<raw.size(); i++) {
29:     hex += hexMap[(raw[i] >> 4) & 0x0F];
30:     hex += hexMap[raw[i] & 0x0F];
31:   }
32:   return hex;
33: }
34: 
```

8 クラウドサービスと連携しよう!

```
35: int htoi (unsigned char c)
36: {
37:   if ('0' <= c && c <= '9') return c - '0';
38:   if ('A' <= c && c <= 'F') return c - 'A' + 10;
39:   if ('a' <= c && c <= 'f') return c - 'a' + 10;
40:   return 0;
41: }
42:
43: std::string hexDecode(std::string hex) {
44:   if (hex.size() % 2) return "";
45:   std::string raw = "";
46:   for(int i=0; i<hex.size(); i+=2) {
47:     raw += (char) ( htoi(hex[i]) * 16 + htoi(hex[i+1]) );
48:   }
49:   return raw;
50: }
51:
52: bool setLINEBeacon (std::string hwid, std::string msg) {
53:   // check hwid
54:   if (hwid.size() != 5 || msg.size() > 13) return false;
55:
56:   BLEAdvertisementData oAdvertisementData = BLEAdvertisementData();
57:   BLEAdvertisementData oScanResponseData = BLEAdvertisementData();
58:   BLEUUID line_uuid("FE6F");
59:
60:   // flag
61:   // LE General Discoverable Mode (2)
62:   // BR/EDR Not Supported (4)
63:   oAdvertisementData.setFlags(0x06);
64:
65:   // LINE Corp UUID
66:   oAdvertisementData.setCompleteServices(line_uuid);
67:
68:   // Service Data
69:   std::string payload = "";
70:   payload += (char) 0x02; // Frame Type of the LINE Simple Beacon Frame
71:   payload += hwid; // HWID of LINE Simple Beacon
72:   payload += 0x7F; // Measured TxPower of the LINE Simple Beacon Frame
73:   payload += msg; // Device message of LINE Simple Beacon Frame
74:   oAdvertisementData.setServiceData(line_uuid, payload);
75:
```

```
 76:   pAdvertising->setAdvertisementData(oAdvertisementData);
 77:   pAdvertising->setScanResponseData(oScanResponseData);
 78:   return true;
 79: }
 80:
 81: void setup() {
 82:   M5.begin();
 83:   BLEDevice::init("");
 84:   esp_ble_tx_power_set(ESP_BLE_PWR_TYPE_ADV, POWER_LEVEL);
 85:   pAdvertising = BLEDevice::getAdvertising();
 86:
 87:   M5.Lcd.setRotation(3); // 画面を横向きにする
 88:   M5.Lcd.setCursor(10, 30);
 89:   M5.Lcd.print("Button Click!");
 90: }
 91:
 92: void loop()
 93: {
 94:   // The underlying framework will advertise periodically.
 95:   // we simply wait here.
 96:   if (M5.BtnA.wasReleased()) {
 97:     if (!beaconFlg) {
 98:       // LINE BeaconをONにする
 99:       setLINEBeacon(hexDecode(HWID), hexEncode(std::string((const
     char*) BLEDevice::getAddress().getNative(), 6)));
100:       pAdvertising->start();
101:       M5.Lcd.fillScreen(BLACK);
102:       M5.Lcd.setCursor(10, 30);
103:       M5.Lcd.print("LINE Beacon [ON]");
104:       beaconFlg = true;
105:     } else {
106:       // LINE BeaconをOFFにする
107:       //// LINE Beaconをストップする機能は現在動作しないようです。下記
     URLを参考にしてください。
108:       //// https://github.com/nkolban/esp32-snippets/issues/797
109:       pAdvertising = BLEDevice::getAdvertising();
110:       pAdvertising->stop();
111:       M5.Lcd.fillScreen(BLACK);
112:       M5.Lcd.setCursor(10, 30);
113:       M5.Lcd.print("LINE Beacon [OFF]");
114:       beaconFlg = false;
```

```
115:     }
116:   }
117:   M5.update();
118: }
```

▼Aボタン(ホームボタン)を押す

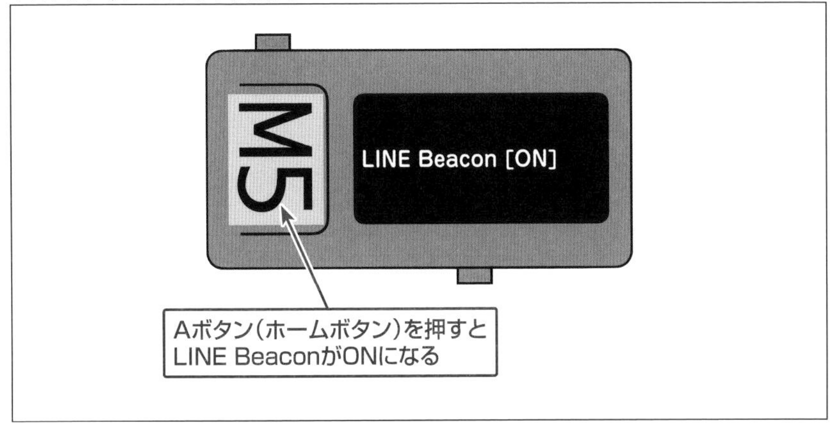
M5
LINE Beacon [ON]
Aボタン(ホームボタン)を押すと
LINE BeaconがONになる

SECTION 22

Amazon Connectと連携する

Amazon Connectとは、クラウドベースコールセンターで簡単に低コストでカスタマーサービスが構築できるサービスです。すべてAWSで完結できるので、コールセンターの革命ともいわれています。利用料金は下記のURLで確認できます。

URL https://aws.amazon.com/jp/connect/pricing/

種類	金額
サービス利用料金	1分あたり0.018USD(約2円)
1日あたりの電話番号所持料金	直通ダイヤル 0.10USD(約12円)
	フリーダイヤル 0.48USD(約55円)
1分あたりの着信料金	直通ダイヤル 0.003USD(約0.4円)
	フリーダイヤル 0.1482USD(約17円)
1分あたりの発信料金	発信先(日本) 0.10USD(約12円)

本章では、M5のカウント値が3の倍数になったらAmazon Connectから携帯に電話がかかってくるシステムを構築します。応用すれば、センサーがエラーになった瞬間に電話がかかってきて知らせてくれるようなシステムを作成することができます。

なお、以降を進める前にCHAPTER-6の「DynamoDB(AWS)に送信する」(111ページ参照)を先に行っておいてください。

Amazon Connectの電話番号を取得する

Amazon Connectの電話番号を取得します。AWSにアクセスしてください。

URL https://aws.amazon.com/jp/

AWSのサービスから「Amazon Connect」と検索します。

▼Amazon Connectの検索

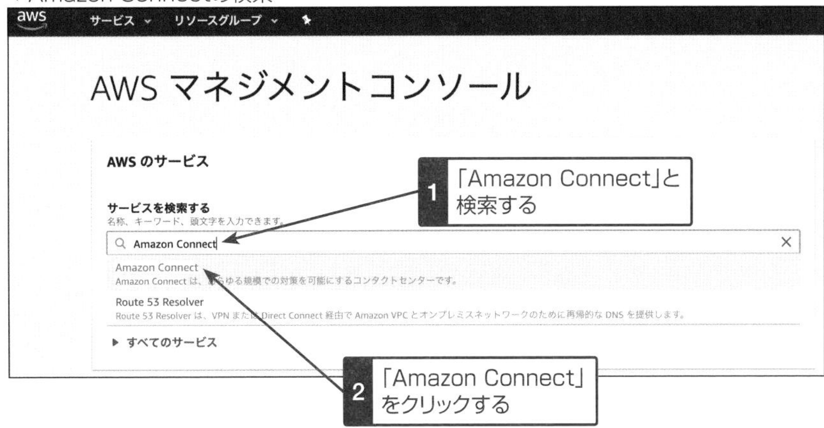

[今すぐ始める]ボタンをクリックします。

▼Amazon Connectの開始

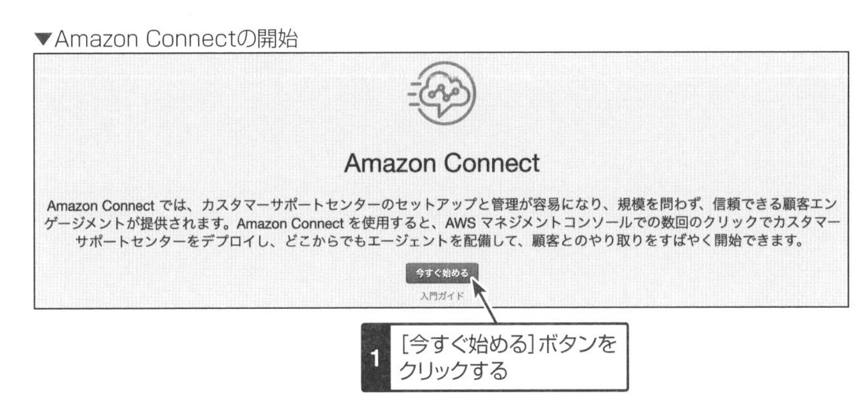

[アクセスURL]に名前を入力します。他の人とかぶらないようなオリジナルの名前を入力します。[次のステップ]ボタンをクリックします。

▼アクセスURLの設定

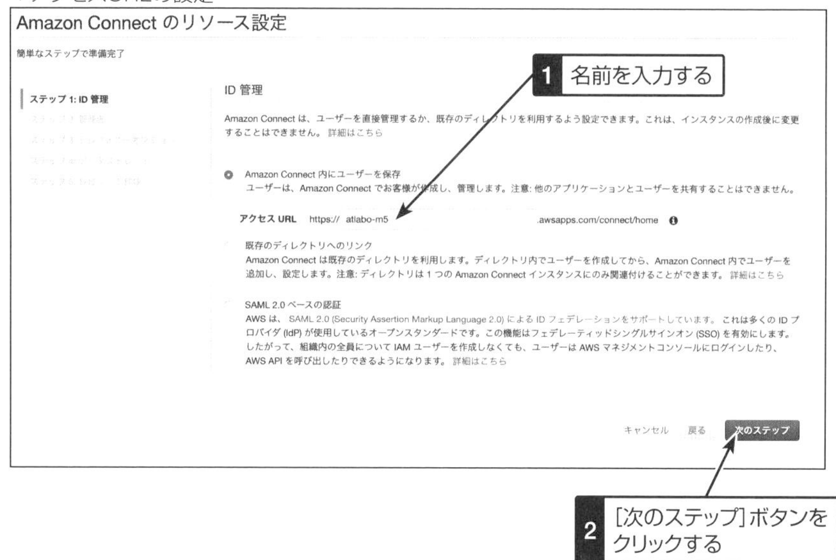

[これをスキップ]をONにして、[次のステップ]ボタンをクリックします。

▼管理者の作成のスキップ

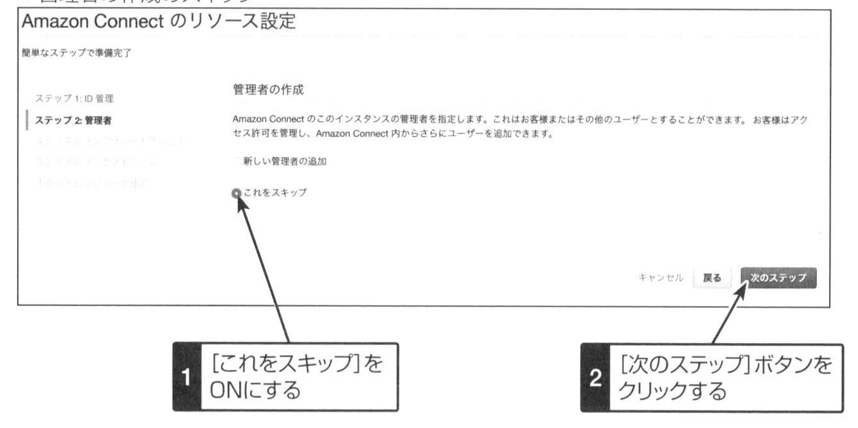

ステップ3はそのまま[次のステップ]ボタンをクリックします。

▼次のステップの表示

ステップ4はそのまま[次のステップ]ボタンをクリックします。

▼次のステップの表示

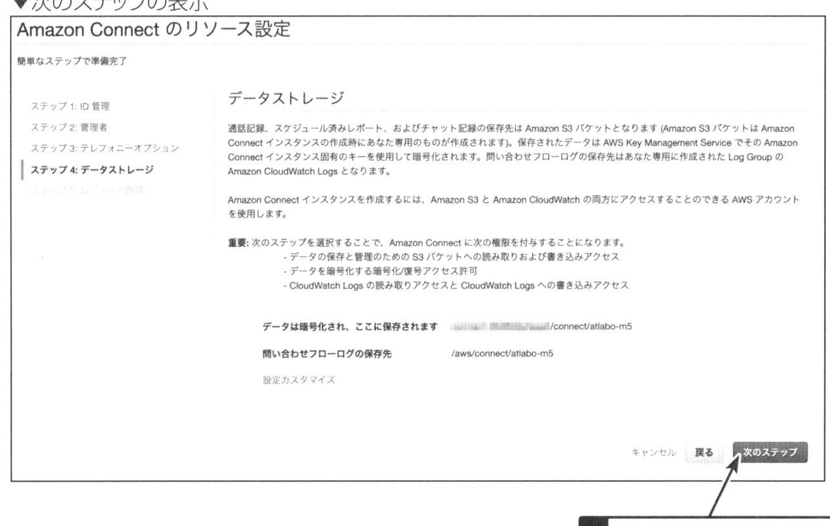

［インスタンスの作成］ボタンをクリックします。

▼インスタンスの作成

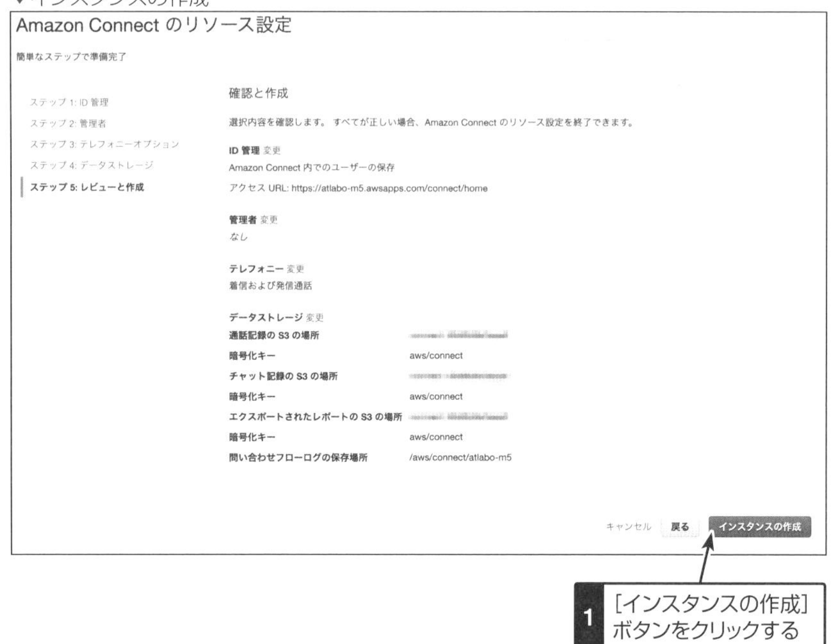

1 ［インスタンスの作成］ボタンをクリックする

インスタンスの作成に約1～2分かかります。

▼セットアップ中の表示

Amazon Connect のセットアップ

これには 1、2 分かかることがあります。

［今すぐ始める］ボタンをクリックします。

▼Amazon Connectの表示

Amazon Connectの別画面が表示されるので［今すぐ始める］ボタンをクリックします。

▼Amazon Connectの開始

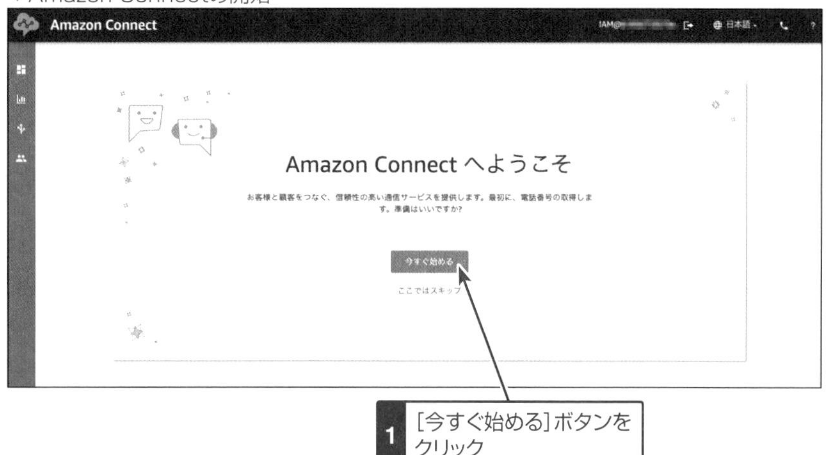

画面が日本語になっていない場合は右上のメニューから[日本語]を選択してください。

▼日本語の選択

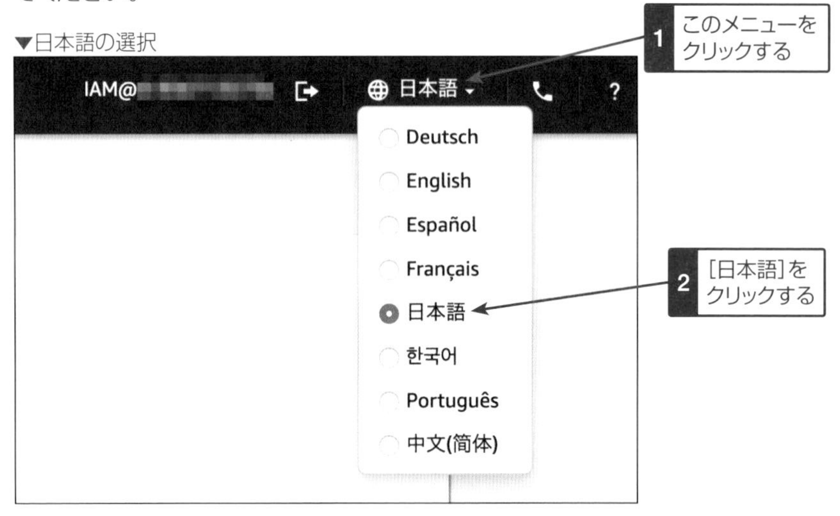

電話番号を取得します。地域は「+81」、タイプは「Direct Dial」か「Toll Free」を選択してください。電話番号はお好きな番号を取得してください。[次へ]ボタンが押せなくなっていますが、「今すぐサポートケースを作成するには、ここをクリックします。」部分をクリックして、すぐ元の画面に戻ります。ここをクリックしないと、[次へ]ボタンが押せない問題があります。

▼電話番号の選択

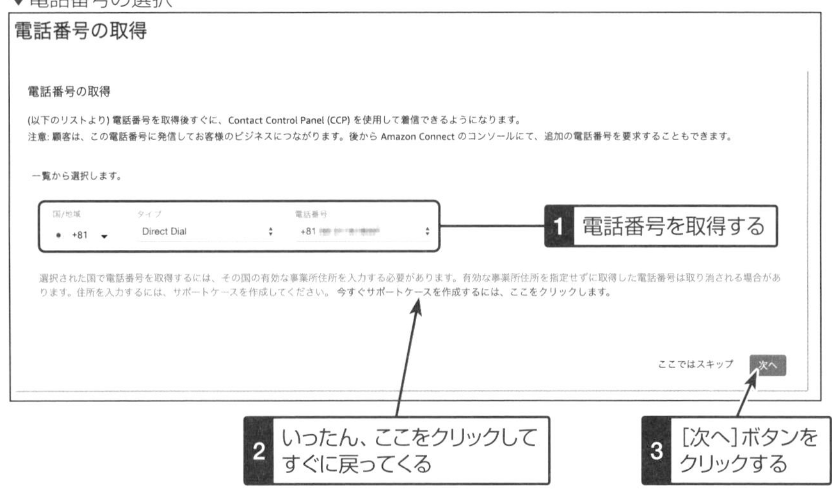

[Continue]ボタンをクリックします。

▼電話番号の取得

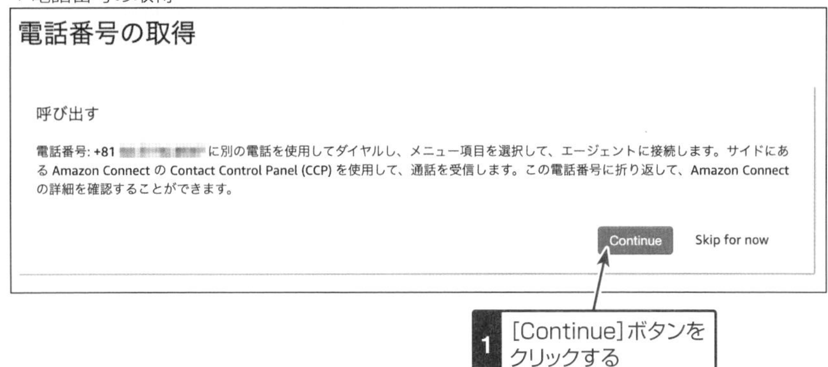

問い合わせフローを作成する

問い合わせフローとは、電話がかかってきたときの流れや、電話をかけたときの一連の流れを設定することです。CUI画面で設定ブロックをドラッグ&ドロップするだけで簡単に構築することができます。

左側メニューから[問い合わせフロー]をクリックします。

▼「問い合わせフロー」の選択

［問い合わせフローの作成］ボタンをクリックします。

▼問い合わせフローの作成の開始

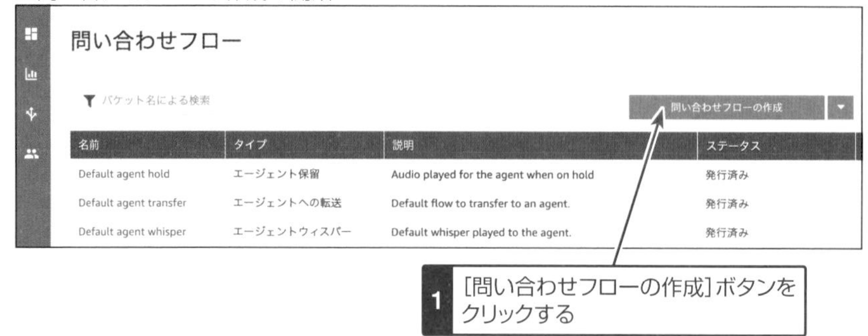

問い合わせフロー名を「M5CallFlow」と入力します。鉛筆マークをクリックすれば編集できます。

▼問い合わせフロー名の設定

発話する音声を日本語に設定する必要があるので、［設定］カテゴリにある「音声の設定」ブロックをドラッグ&ドロップしてクリックします。

▼音声の設定の追加

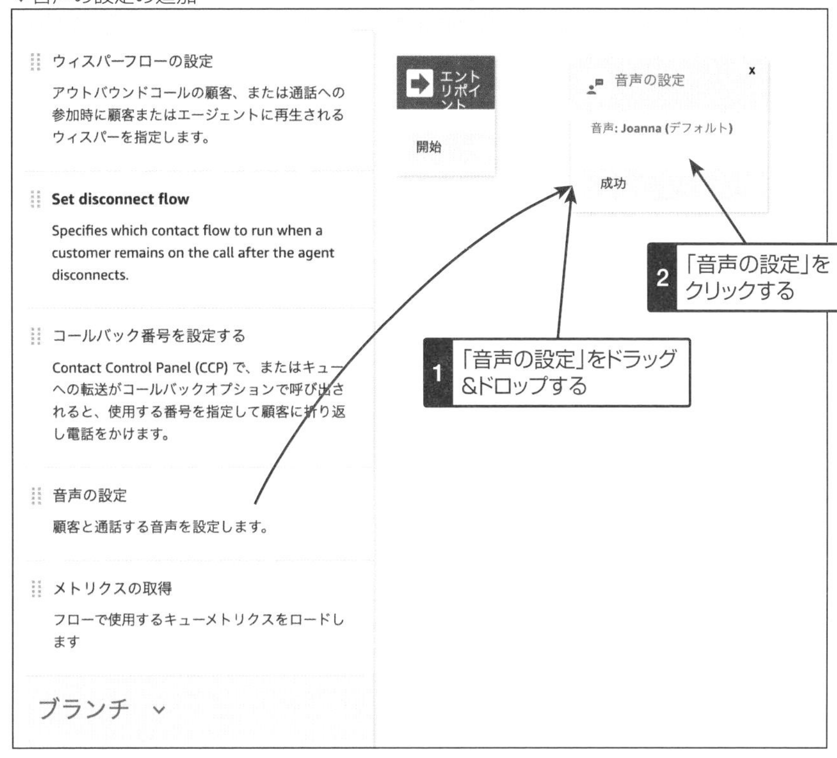

［言語］は「日本語」で、［音声］は「Mizuki」か「Takumi」を選択します。女性か男性の声が選べるので、好きな音声を選択してください。

▼音声の選択

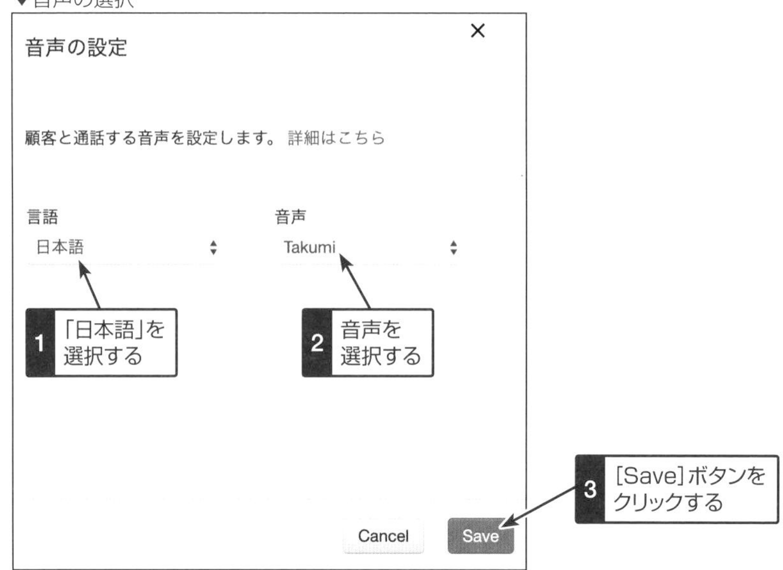

「エントリポイント」と「音声の設定」ブロックをつなげます。マウスでドラッグするだけでつなぐことができます。線をつなげ忘れるとエラーになるので気を付けてください。

▼音声の設定ブロックとの接続

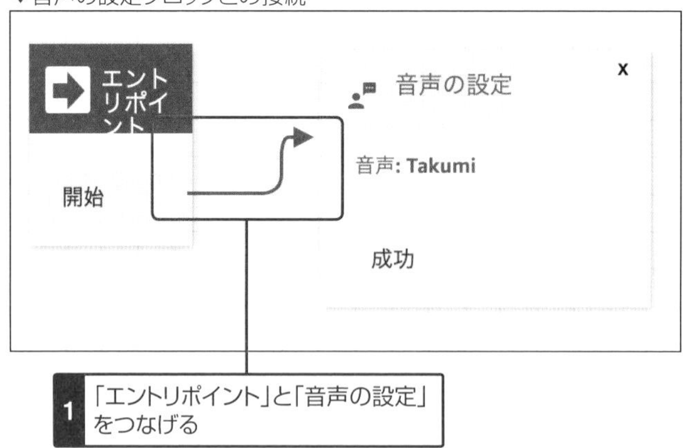

AWS Lambdaから送信されるパラメータを受け取るために、[設定]にある「問い合わせ属性の設定」ブロックをドラッグ&ドロップしてクリックします。

▼「問い合わせ属性の設定」の追加

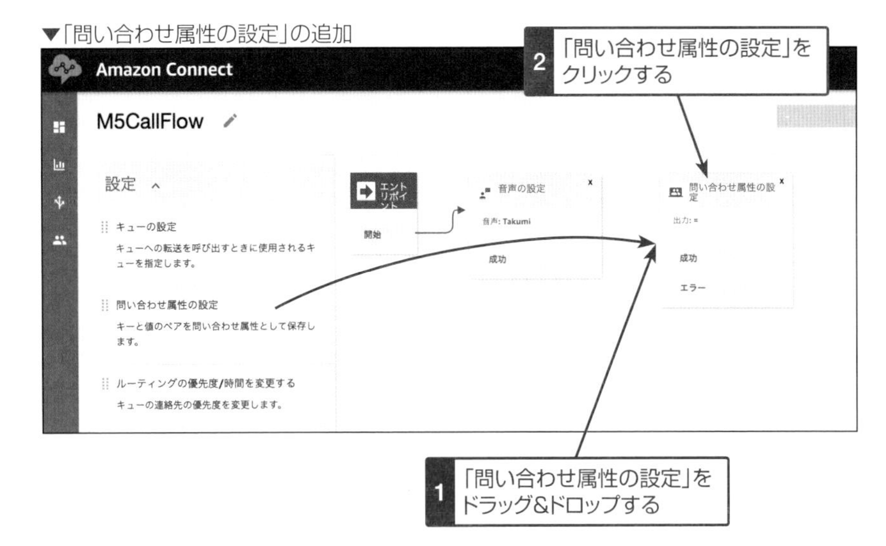

[属性を使用する]をONにして、各種項目を次のように設定します。選択ミスやスペルミスがないように気を付けてください。

項目	設定値
宛先キー	message
タイプ	ユーザー定義
属性	message

▼各属性の設定

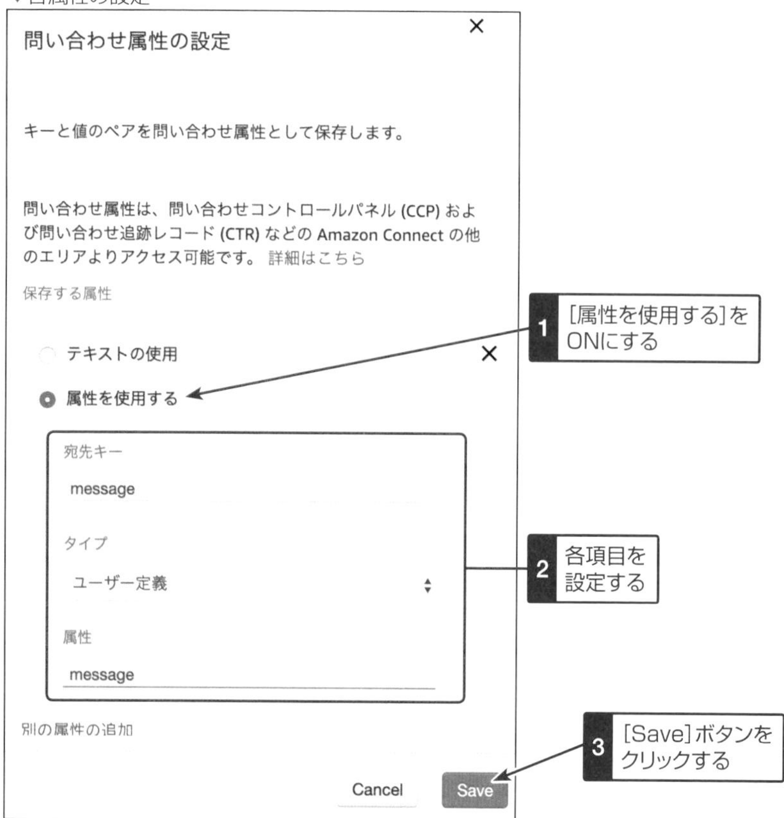

「音声の設定」ブロックと「問い合わせ属性の設定」ブロックを線でつなげます。

▼「音声の設定」と「問い合わせ属性の設定」の接続

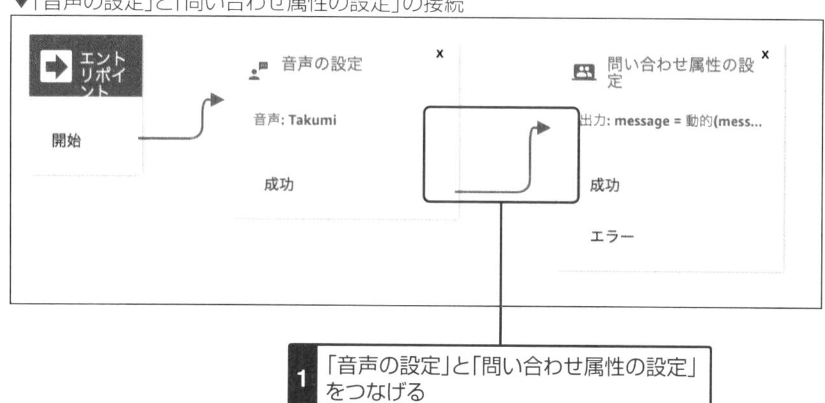

[操作]カテゴリにある「プロンプトの再生」ブロックをドラッグ&ドロップしてクリックします。AWS Lambdaから受け取った`message`属性を音声再生する設定を行います。

▼「プロンプトの再生」の追加

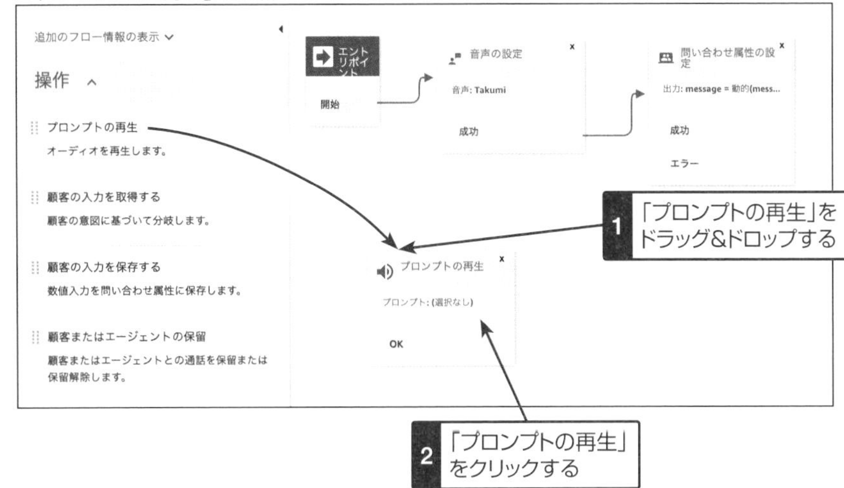

[テキスト読み上げまたはチャットテキスト]をONにし、[動的に入力する]をONして、各項目を次のように設定します。

項目	設定値
タイプ	ユーザー定義
属性	message

▼「プロンプトの再生」の設定

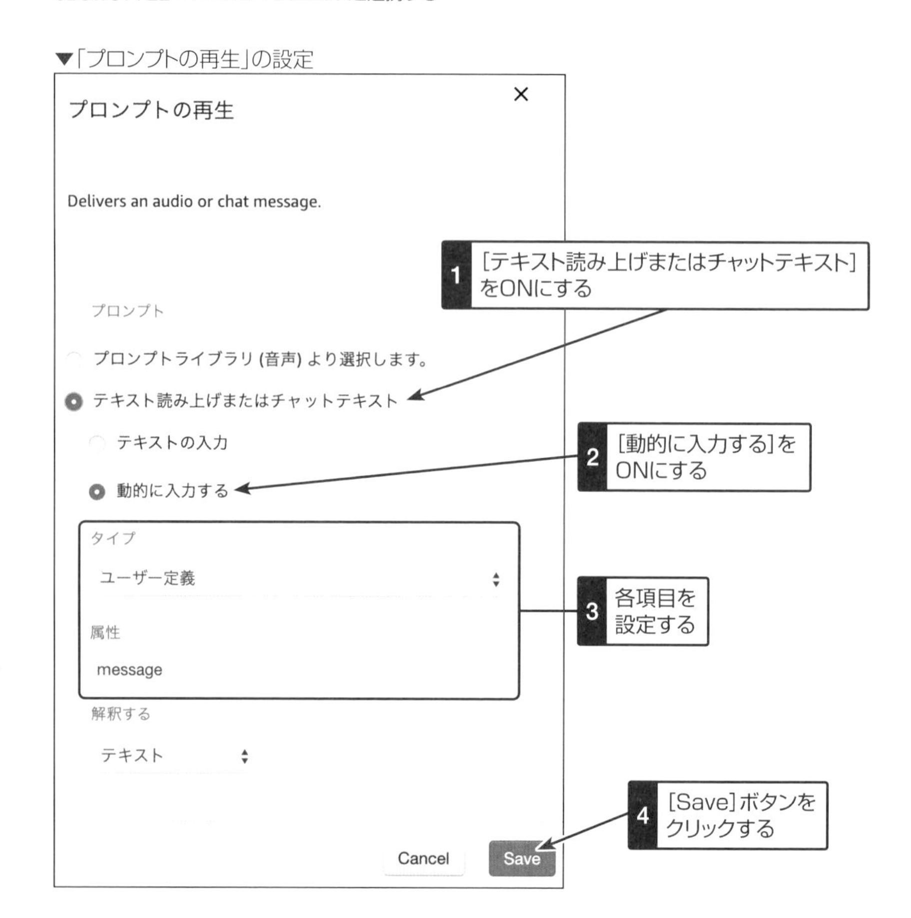

「問い合わせ属性の設定」ブロックと「プロンプトの再生」ブロックを線でつなげます。

▼「問い合わせ属性の設定」と「プロンプトの再生」の接続

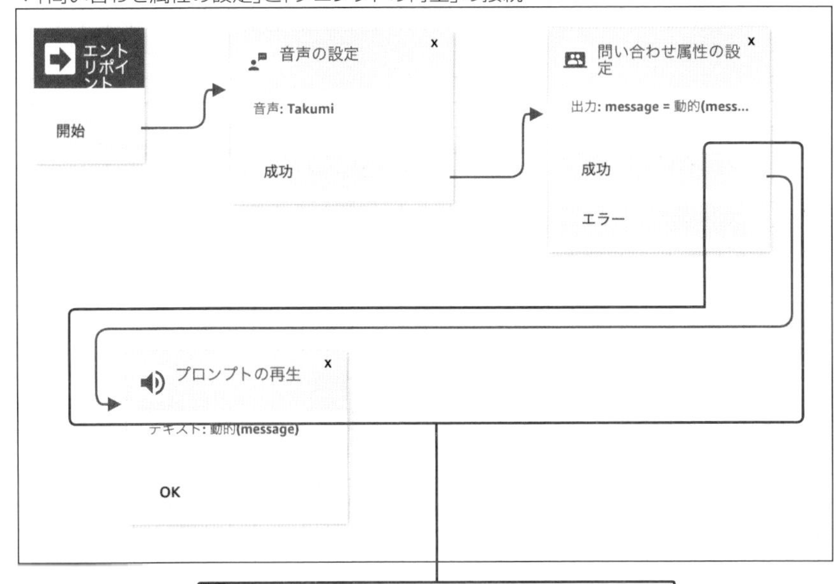

電話を切断する必要があるので、[終了/転送]カテゴリにある「切断/ハングアップ」ブロックをドラッグ&ドロップします。

▼「切断/ハングアップ」の追加

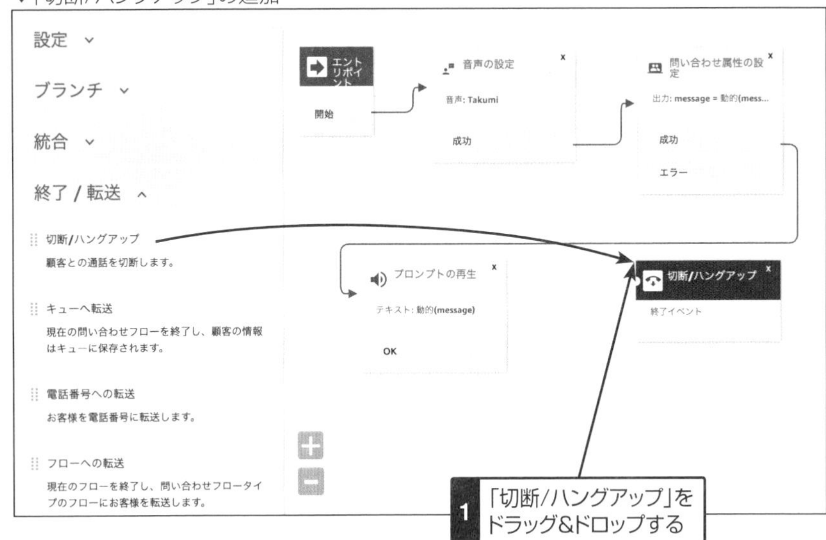

8 クラウドサービスと連携しよう!

「問い合わせ属性の設定」にあるエラー部分と「プロンプトの再生」にあるOK部分はすべて「切断/ハングアップ」ブロックにつなげます。右上の[公開]ボタンをクリックして、問い合わせフローを公開します。

▼「切断/ハングアップ」との接続

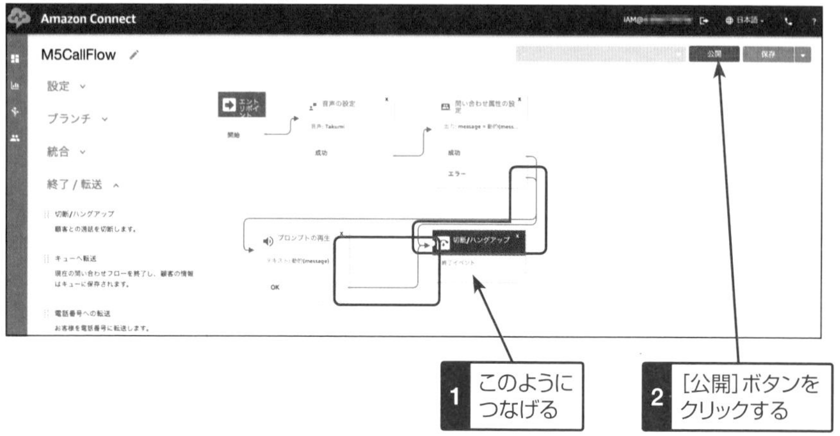

ポップアップ画面の[公開]ボタンをクリックします。

▼公開の確認

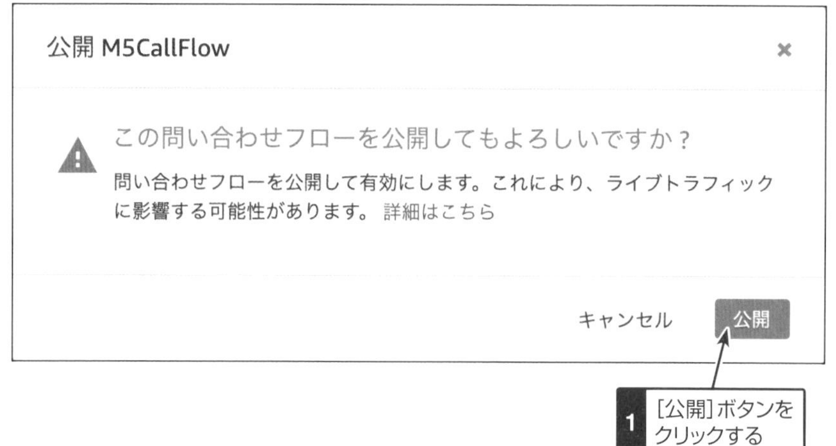

画面左上の「追加のフロー情報の表示」をクリックします（クリックすると「追加のフロー情報の非表示」に変わります）。instance IDとcontact-flow IDをメモします。緑色の下線部分がinstance IDで、青色の下線部分がcontact-flow IDです。

▼「instance ID」と「cotact-flow ID」の確認

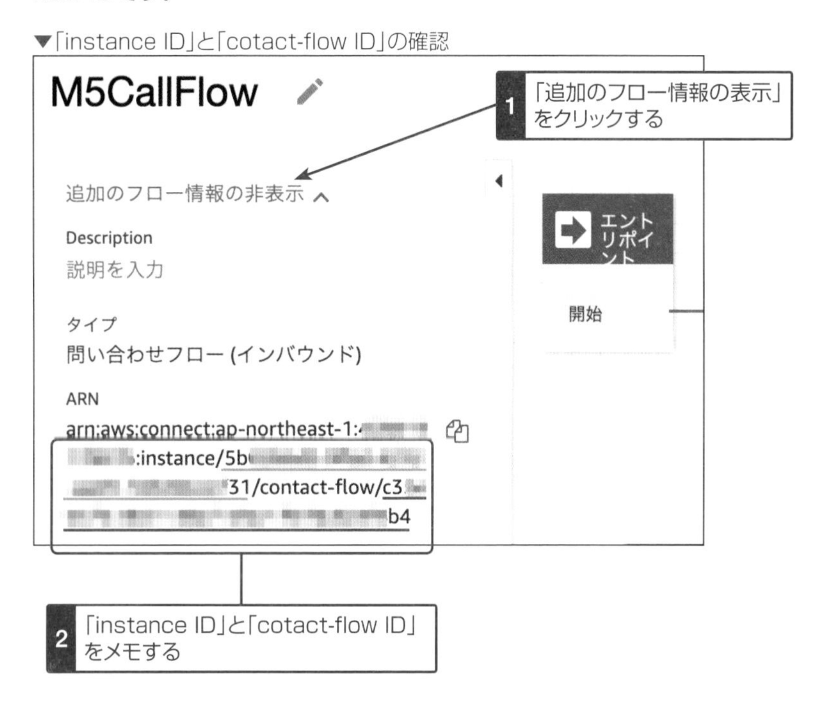

✿ 電話を発信する権限を追加する

AWS LambdaからAmazon Connectに対して電話を発信する権限を追加します。作成済みのAWS Lambda関数 `M5DataFunction` を開いてください。「アクセス権限」タブをクリックして、「M5DataFunctionRole」をクリックします。

▼権限の追加画面の表示

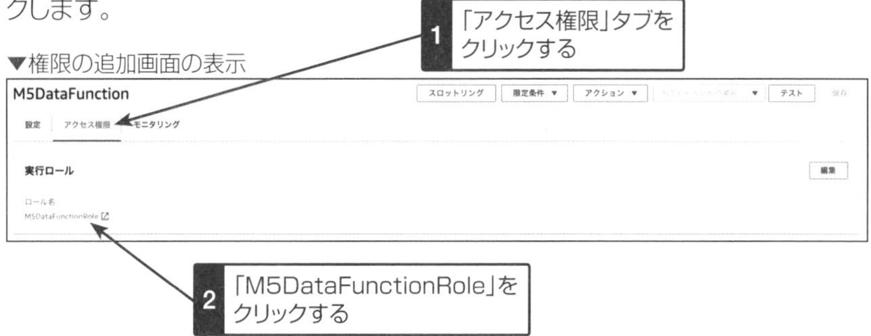

権限の追加画面が表示されるので、「インラインポリシーの追加」をクリックして権限を追加します。

▼インラインポリシーの追加

［サービス］の検索窓から「Connect」と入力して「Connect」をクリックします。

▼「Connect」の選択

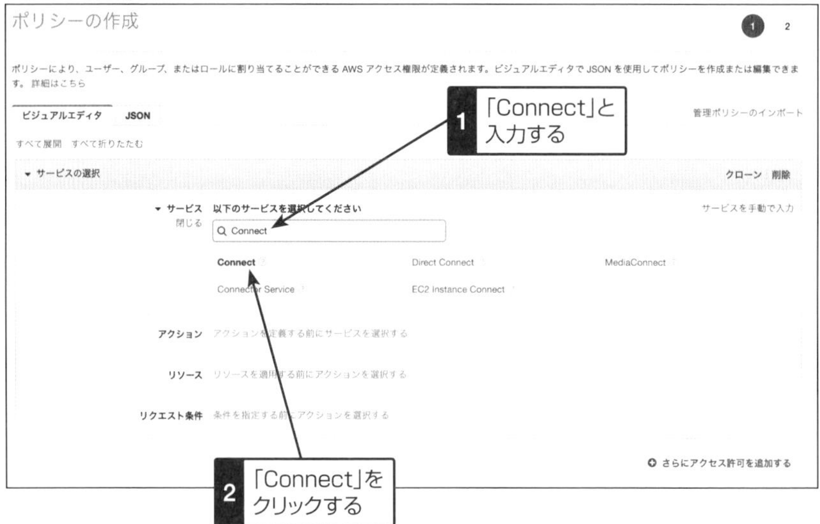

アクションの検索窓から「start」と入力して[StartOutboundVoiceContact]をONにします。これがAWS Lambdaから電話を発信することができる権限です。

▼電話発信の権限の設定

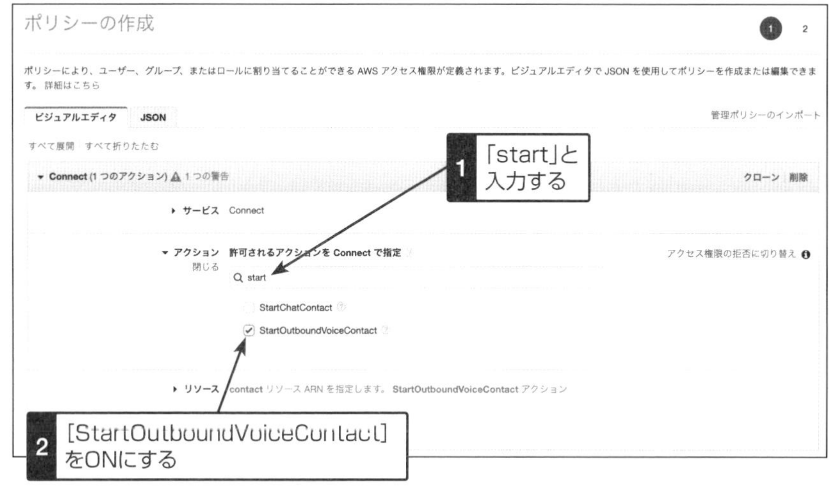

[リソース]は[すべてのリソース]をONにします。右下の[ポリシーの確認]ボタンをクリックします。

▼すべてのリソースの選択

ポリシー名を入力します。「M5AmazonConnectPolicy」としました。お好きな名前を入力してください。[ポリシーの作成]ボタンをクリックします。

▼ポリシー名の設定

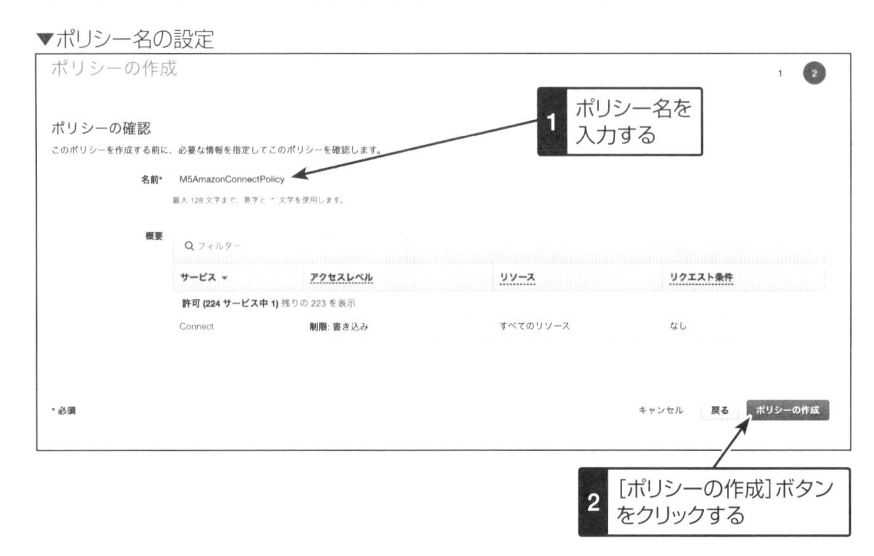

ポリシーが追加されていることを確認してください。

▼ポリシーの確認

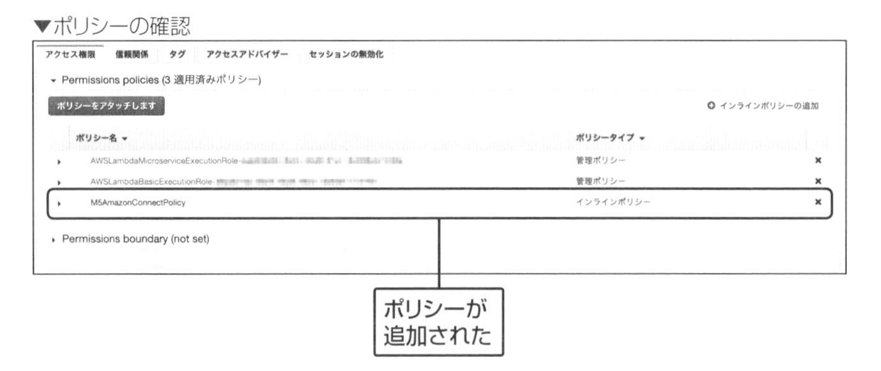

AWS Lambda関数画面に戻って、環境変数の追加を行います。[環境変数]カテゴリにある[編集]ボタンをクリックします。

▼環境変数の編集

環境変数を下記のように設定します。スペルミスがないように気を付けてください。

項目	設定値
INSTANCEID	221ページでメモした緑色の下線部のinstance ID
CONTACTFLOWID	221ページでメモした青色の下線部のcontact-flow ID
PHONENUMBER	ご自身の携帯電話番号 ※+81を先頭につけて数字のみにします 例 090-1234-5678→+819012345678
SOURCEPHONENUMBER	Amazon Connectで取得した電話番号 ※+81を先頭につけて数字のみにします

▼環境変数の設定

Lambda > 関数 > M5DataFunction > 環境変数の編集

環境変数の編集

環境変数

関数のコードからアクセス可能なキーと値のペアを環境変数で定義できます。これらの環境変数は、関数のコードを変更することなく構成の設定を保存することができるので便利です。 詳細

キー	値	
DYNAMO_TABLE_NAME	M5DataTable	削除
INSTANCEID	5b	削除
CONTACTFLOWID	c3	削除
PHONENUMBER	+8190	削除
SOURCEPHONENUMBER	+8150	削除

環境変数の追加

▶ 暗号化の設定

キャンセル 保存

1 各値を設定する

2 [保存]ボタンをクリックする

AWS Lambda関数を修正する

関数コードにある index.js ファイルを編集します。既存コードから一部だけを変えています。既存コードを一度、削除してから、下記コードを記載してください。編集したら必ず右上の[保存]ボタンをクリックしてください。

SOURCE CODE

```
1: const AWS = require('aws-sdk');
2: const connect = new AWS.Connect();
3: const DynamoDB = new AWS.DynamoDB.DocumentClient({
4:   region: "ap-northeast-1"
5: });
6:
7: module.exports.dateToStr12HPad0 = function dateToStr12HPad0(date,
   format) {
8:     if (!format) {
9:         format = 'YYYY/MM/DD hh:mm:ss:dd AP';
10:    }
11:    format = format.replace(/YYYY/g, date.getFullYear());
12:    format = format.replace(/MM/g, ('0' + (date.getMonth() + 1)).
   slice(-2));
13:    format = format.replace(/DD/g, ('0' + date.getDate()).slice(-2));
14:    format = format.replace(/hh/g, ('0' + date.getHours()).slice(-2));
15:    format = format.replace(/mm/g, ('0' + date.getMinutes()).
   slice(-2));
16:    format = format.replace(/ss/g, ('0' + date.getSeconds()).
   slice(-2));
17:    format = format.replace(/dd/g, ('0' + date.getMilliseconds()).
   slice(-3));
18:    return format;
19: };
20:
21: module.exports.putM5Data = async function putM5Data(count, area) {
22:    const tableName = process.env.DYNAMO_TABLE_NAME;
23:
24:    var timezoneoffset = -9;     // UTC-表示したいタイムゾーン(単
   位:hour)。JSTなら-9
25:    var today = new Date(Date.now() - (timezoneoffset * 60 - new
   Date().getTimezoneOffset()) * 60000);
26:
27:    const timestamp = this.dateToStr12HPad0(today, 'YYYY/MM/DD
   hh:mm:ss:dd');
```

```
28:
29:     await DynamoDB.put( {
30:         "TableName": tableName,
31:         "Item": {
32:           "Timestamp": timestamp,
33:           "count": count,
34:           "area": area
35:         }
36:     }, function( err, data ) {
37:         console.log(err);
38:
39:     }).promise();
40: };
41:
42: // 電話をかける処理
43: module.exports.callMessageAction = async function
    callMessageAction(message) {
44:     return new Promise(((resolve, reject) => {
45:
46:         // Attributesに発話する内容を設定
47:         var params = {
48:             Attributes: {"message": message},
49:             InstanceId: process.env.INSTANCEID,
50:             ContactFlowId: process.env.CONTACTFLOWID,
51:             DestinationPhoneNumber: process.env.PHONENUMBER,
52:             SourcePhoneNumber: process.env.SOURCEPHONENUMBER
53:         };
54:
55:         // 電話をかける
56:         connect.startOutboundVoiceContact(params, function(err, data) {
57:             if (err) {
58:                 console.log(err);
59:                 reject();
60:             } else {
61:                 resolve(data);
62:             }
63:         });
64:     }));
65: };
66:
67: exports.handler = async (event) => {
```

```
68:     const json = JSON.parse(event.body);
69:     await this.putM5Data(json.count, json.area);
70:
71:     if (json.count % 3 == 0) {
72:         const sendMessage = `カウントの値は「${json.count}」です。`;
73:
74:         // カウント値が3で割り切れたら電話をかける
75:         await this.callMessageAction(sendMessage);
76:     }
77:
78:     const response = {
79:         statusCode: 200,
80:         body: JSON.stringify('Send Done!'),
81:     };
82:     return response;
83: };
```

2行目にAmazon Connectを利用するためのプログラムを初期化しています。47～53行目で環境変数値を取得してパラメータに設定しています。電話の発信処理は56行目の関数を実行するだけで簡単に電話を発信することができます。75行目で発信処理を実行しています。その前にカウント値が3で割り切れる値かどうかをチェックしています。

▼コードの編集

動作確認する

M5Stack／M5StickCのカウント値を3にしたらBボタンを押して、カウント値をAWSに送信してください。すると設定した電話番号に電話がかかってきます。来訪者が呼び鈴の代わりにボタンを押して電話をかけて知らせたり、センサー異常になったら知らせてくれるようなシステムが容易に作ることができます。

アイデア次第で何でもできるので、色々とチャレンジしてみてください。

▼3で割り切れたら電話がかかってくる

INDEX

記号・数字

英字

■著者紹介

高馬（たかうま）　宏典（ひろのり）

フリーランスでスマートフォンゲームアプリを数十本作成し、2015年より株式会社アイエンターに入社。引き続きゲームアプリを数本リリースし、2017年よりR&Dへ部署を異動してゲーム開発で培った技術でVRやMRの研究開発を行い、2019年にLINE API Expert、2020年にAlexa Championの認定を受ける。
現在はATLaboというコミュニティを運営し、全国でハンズオンやオンラインイベントを開催して、ITの素晴らしさやワクワクできる楽しさを伝えている。

株式会社アイエンター

仕事も、遊びも、どんなときも「楽しむ」を経営理念に、スマホアプリやWeb開発で着実に成長を続けながらも今話題のXRや機械学習などの最新技術の開発を通じて"日本発・世界初"の製品づくりを目指す世界を視野に展開中の企業です。
URL : https://www.i-enter.co.jp/

編集担当：吉成明久 / カバーデザイン：秋田勘助（オフィス・エドモント）

M5Stack&M5StickCではじめるIoT入門

2020年6月1日　　初版発行

著　者　高馬宏典
発行者　池田武人
発行所　株式会社　シーアンドアール研究所
新潟県新潟市北区西名目所4083-6(〒950-3122)
電話　025-259-4293　FAX　025-258-2801
印刷所　株式会社　ルナテック

ISBN978-4-86354-312-6 C3055